RAPPORT

SUR

L'INDUSTRIE DES SOIES.

IMPRIMÉ

PAR ORDRE DE M. LE MINISTRE DU COMMERCE,

1838.

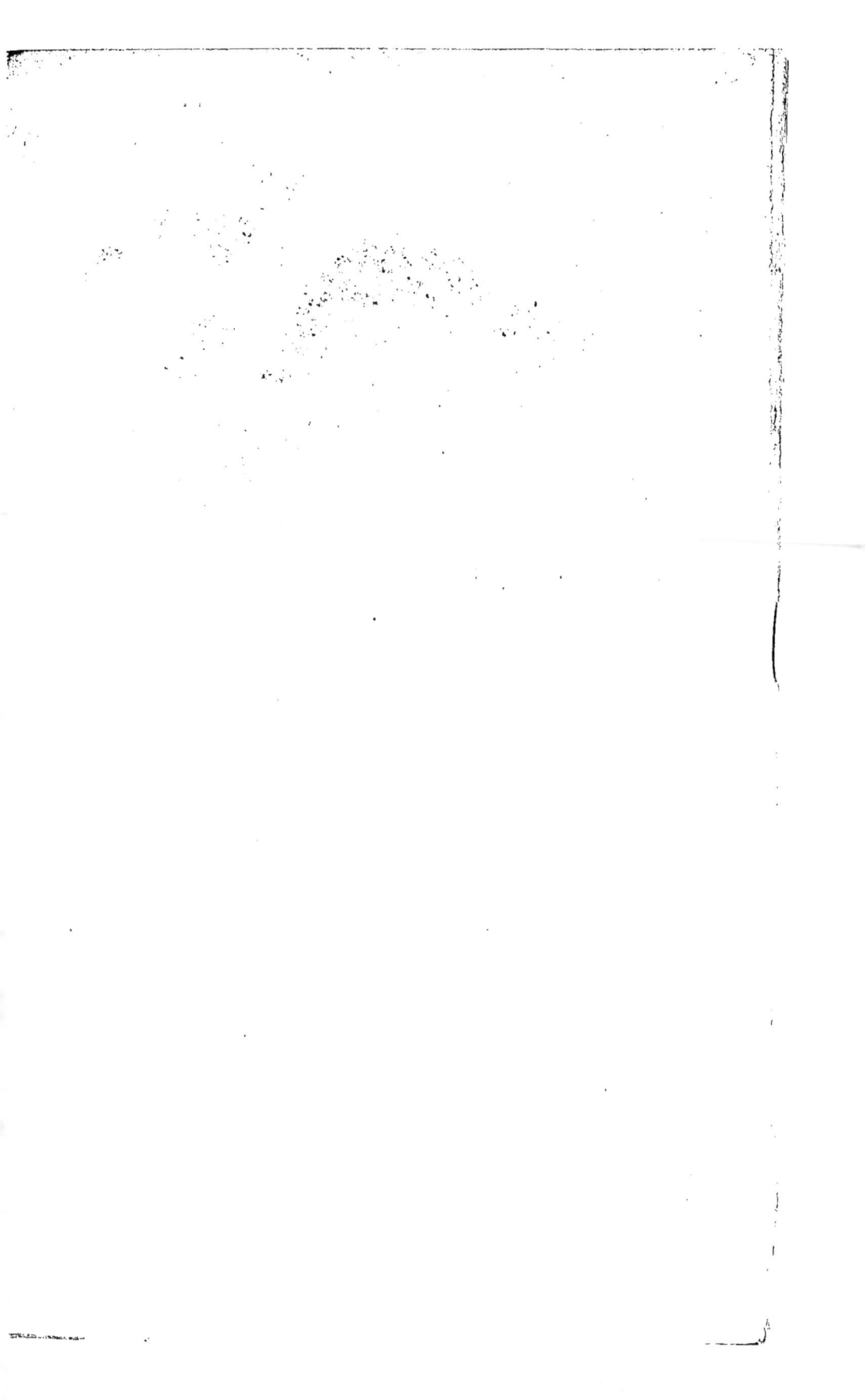

V

INDUSTRIE DES SOIES.

RAPPORT

PRÉSENTÉ

A MONSIEUR LE MINISTRE DES TRAVAUX PUBLICS, DE L'AGRICULTURE
ET DU COMMERCE,

PAR M. HENRI BOURDON,

Ancien élève de l'Ecole polytechnique ;

SUIVI DE

CONSIDÉRATIONS GÉNÉRALES

SUR LES DIVERSES APPLICATIONS

DES PROCÉDÉS DE VENTILATION,

PAR M. D'ARCET,

Membre de l'Académie des Sciences.

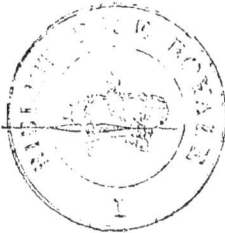

IMPRIMÉ

PAR ORDRE DE M. LE MINISTRE DU COMMERCE.

1838.

Paris, imprimerie de Paul Dupont et Comp.,
rue de Grenelle-St-Honoré, n. 55.

A Monsieur le Ministre

DES

Travaux publics, de l'Agriculture et du Commerce.

MONSIEUR LE MINISTRE,

En vous adressant, il y a quelques mois, un résumé des principales observations que j'ai recueillies cette année dans le Midi, j'ai désiré seulement donner une idée de l'impulsion actuellement imprimée à l'industrie qui fait, depuis plusieurs années particulièrement, l'objet de votre sollicitude.

Ce résumé, quoique succinct, m'a paru suffire en effet pour faire comprendre que les encouragements du gouvernement avaient porté leurs fruits, et que, sous leur influence, le mouvement qui d'abord avait pris naissance dans deux ou trois départements n'avait pas tardé à se communiquer de proche en proche à tous les départements séricicoles, et s'était même répandu au dehors, dans des contrées appelées à jouir bientôt des riches produits de la culture du mûrier.

Mais, pour atteindre le but des nouvelles missions que vous avez ordonnées, il est nécessaire de rassembler et d'analyser les travaux entrepris à la fois sur divers points dans une vue commune.

C'est en effet préparer à une industrie de nouveaux succès que de constater et de publier chaque année sa marche progressive; de même, signaler à l'attention publique les hommes qui, par leur exemple ou par leurs écrits, s'efforcent d'imprimer à leur pays un élan salutaire, c'est assurer l'efficacité de leurs efforts et en étendre le bienfait.

Les travaux dont je dois rendre compte sont de deux espèces : les uns concernent spécialement le perfectionnement de l'éducation des vers à soie ; les autres ont pour but de reculer les limites des régions appelées à cultiver le mûrier.

Je m'occuperai d'abord et plus particulièrement des premiers ; et, comme complément, je signalerai les recherches importantes auxquelles des savants et des praticiens se sont livrés pour déterminer la nature et les principes de la maladie connue sous le nom de *muscardine*.

J'exposerai ensuite les travaux de la seconde espèce.

Enfin, après avoir passé en revue ces divers travaux, je ferai connaître les mesures déjà prises par les Administrations départementales et par les Sociétés d'agriculture en faveur des diverses branches de l'industrie de la soie.

TRAVAUX SPÉCIALEMENT CONSACRÉS AU PERFECTIONNEMENT DE L'ÉDUCATION DES VERS A SOIE DANS LES DÉPARTEMENTS DITS PRODUCTEURS DE SOIE.

Les travaux qui concernent spécialement le perfectionnement de l'éducation des vers à soie ne se sont pas bornés cette année aux diverses applications des méthodes et des procédés de MM. D'Arcet et Camille Beauvais. Le Midi, en cédant à l'élan qui lui était imprimé, ne devait pas, en effet, se contenter d'accepter des améliorations. Une fois entré dans la voie du progrès, on ne pouvait manquer d'y mettre à profit les ressources d'une longue expérience ; et ces ressources devaient être fécondes. Les besoins de la grande et de la petite production, immédiatement sentis, devaient surtout être justement appréciés : aussi j'aurai à signaler des perfectionnements et des innovations de toute nature, et, par dessus tout, une invention qui, si l'expérience vient justifier le succès des premiers essais, doit avoir une grande influence sur l'avenir de notre industrie.

Toutefois, ne perdant pas de vue le point de départ, base de toutes les améliorations, je commencerai par passer en revue les éducations qui ont été faites dans les magnaneries salubres et sous l'influence des méthodes pratiquées aux Bergeries de Sénart.

ÉDUCATIONS FAITES DANS LES MAGNANERIES SALUBRES ET SOUS L'INFLUENCE DES MÉTHODES PRATIQUÉES AUX BERGERIES DE SÉNART.

En procédant à cet examen, je m'abstiendrai des détails qui me conduiraient nécessairement à la répétition des indications données dans mon Rapport de l'année dernière. Je rappellerai seulement que, j'avais alors divisé les moyens de succès en deux classes bien distinctes : la première comprenant tous les détails qui se rattachent aux soins intérieurs, tels que la fixation de la température, le rapport de cette température et du degré hygrométrique avec l'alimentation, la régularité et la fréquence des repas et des délitements, l'application des filets au délitement, au dédoublement et au classement des vers ; la seconde, consistant dans l'emploi des appareils physiques et mécaniques dont l'objet est le chauffage régulier et le renouvellement constant de l'air de la magnanerie.

C'est en s'appuyant sur ces mêmes moyens et en adoptant d'ailleurs, comme l'année dernière, des dispositions diverses suivant les localités, soit pour activer la ventilation, soit pour l'apprécier, qu'on s'est livré cette année à de nouveaux essais qui, pour la plupart, ont été couronnés d'un plein succès.

Résultats obtenus.

Ainsi, dans les départements du Gard et de Vaucluse, lorsque, de tous côtés, les éducations subissaient les plus graves avaries, et que des chambrées entières périssaient, M. et Mlle Peltzer, à qui vous aviez confié la direction de deux magnaneries modèles, l'une à Alais, chez M. Gilly, l'autre à La Palud, chez M. le marquis de Balincourt, ont obtenu des produits doubles des produits moyens du pays.

220 quintaux de feuilles, consommées pour l'éducation faite dans la magnanerie salubre, ont rapporté à M. de Balincourt, comme produit de la vente des cocons, déduction faite de tous les frais d'éducation, 800 francs de plus que 320 quintaux de feuilles distribuées à ses grangers, qui, opérant en compte à demi, lui ont donné la moitié de leur récolte.

Dans les mêmes départements et dans ceux de l'Ardèche et des Basses-Alpes, M. Mazade à Anduze, M. Bonnet à Apt, MM. Delafarge à Viviers, et M. Eugène Robert à Saint-Tulle, ont vu aussi leurs magnaneries salubres soustraites aux funestes influences de la saison.

Dans les départements des Bouches-du-Rhône, du Var, de l'Ain et de l'Isère, nouvellement et franchement entrés dans la voie du progrès, MM. Cohen et Nathan, de Reverdit et Sisteron, de Saint-Sulpice, Perrin, qui, les premiers, ont tenté d'introduire dans leur pays la magnanerie salubre, ont, en opérant sur 2, 6, 10, 15 et 20 onces de graine, récolté 72, 75, 80 et 90 kilos de cocons pour 1,000 kilos de feuilles.

Cependant, on doit le dire, toutes les épreuves n'ont pas également réussi ; mais quelques insuccès peuvent-ils être invoqués comme arguments contre l'efficacité de procédés qui ont reçu d'ailleurs de si heureuses applications ?

En réponse à cette question, je pourrais rappeler des témoignages recueillis dans les contrées méridionales, reproduire le jugement prononcé par M. de Villeneuve, ingénieur des mines, dans son Rapport à l'Académie de Marseille, et rapporter les résultats publiés par un des agronomes les plus distingués du Midi, M. Robert de Saint-Tulle, dont les exemples et les écrits ont déjà si puissamment contribué aux progrès de l'agriculture dans la Provence ; je pourrais retracer ces écrits où, après un examen approfondi des procédés, on conclut en disant :

« *Leur efficacité est maintenant chose jugée ; les résultats*
« *obtenus, et surtout les funestes influences dont il a fallu*
« *triompher, ont fourni des preuves concluantes, plus pé-*
« *remptoires que toutes les démonstrations théoriques, de*
« *la puissance de l'appareil D'Arcet, et des méthodes des*
« *Bergeries, dont les succès ne sauraient plus être contestés*
« *que par les personnes qui n'ont pas été témoins de leurs*
« *admirables résultats.* »

Mais il convient ici d'approfondir la question et de remonter, autant que possible, à la source du mal. Il faut, pour cette investigation, faire un examen attentif des moyens employés et des circonstances qui ont pu précéder et accompagner les succès et les accidents.

Or, ces moyens et ces circonstances peuvent être de deux sortes : ou ils sont du ressort de l'appareil de chauffage et de ventilation, ou ils appartiennent au système même d'éducation.

Diverses observations faites dans quelques magnaneries salubres.

Je vais m'occuper d'abord de la première sorte ; et à cet effet je passerai en revue, parmi les divers établissements déjà cités, ceux qui m'ont paru offrir des particularités propres à jeter quelque lumière sur la question actuelle.

A Alais, M. Peltzer dit dans son Rapport que la magnanerie de M. Gilly, établie conformément à toutes les règles prescrites par M. D'Arcet, est construite au dessus d'une cave immense dont il s'est servi avec grand avantage pour refroidir le courant ventilateur ; en outre, il a fait usage du tarare à ailes courbes de M. Combes, ingénieur des mines (1). Ce tarare, construit rigoureusement d'après les principes de la mécanique appliquée aux machines, est calculé de telle sorte que, pour extraire un mètre cube d'air par seconde, il doit faire 114 tours à la minute. Le diamètre du disque, auquel sont attachées les ailes, est de 1 m. 25 c. Il est entièrement découvert sur son contour, et rejette l'air librement dans l'atmosphère.

Avec ces éléments de puissance, avec le secours du tarare perfectionné de M. Combes, M. Peltzer a lutté avantageusement contre les touffes, et a paré aux inconvénients d'une nourriture fournie par des arbres qui avaient subi deux fois les atteintes de la gelée.

Cependant il avoue que, dans certains moments très pénibles, il n'est pas parvenu à produire tout l'effet qu'on doit attendre de cet appareil ; et il exprime particulière-

(1) La description de ce tarare est insérée dans les bulletins de la Société d'encouragement, et se vend à part chez Mme Huzard, à Paris.

M. Combes a pris un brevet d'invention.

ment le regret de n'avoir pu, pour faire mouvoir le tarare, remplacer la main de l'homme par un moteur capable de donner une vitesse d'au moins 200 tours à la minute.

D'où vient donc la nécessité de développer une si grande
énergie?—C'est qu'il y a, dans une magnanerie, des difficultés de toute nature, des causes incessantes de fermentation, des résistances à la diffusion et à la circulation de
l'air entre les tables, c'est-à-dire dans les parties mêmes où
sont placés les vers toujours en contact avec leurs litières;
c'est que, pour assurer la santé des vers, surtout pour leur
faire produire des cocons au grain fin et serré, il faut renouveler l'air de l'atelier plus qu'il ne serait nécessaire
pour sa seule désinfection.

A La Palud, dans la magnanerie de M. de Balincourt,
l'appareil, dit Mlle Peltzer en rendant compte de son éducation, bien que donnant des résultats très satisfaisants
sous le rapport de l'uniformité de température et de la régularité de ventilation, n'a point encore toute l'énergie
nécessaire. Mais, ajoute-t-elle, il est vrai de dire que la si-
tuation et l'exposition de l'atelier sont des plus défavorables; il n'y a d'ailleurs aucun réservoir d'air frais; et cette
magnanerie étant la première magnanerie salubre qui ait
été construite dans le Midi, les moyens d'action ont été
calculés d'après les données adoptées dans le Nord, données qui paraissent insuffisantes pour les pays chauds.

Cependant, le tarare qui a 1 m. 25 c. de diamètre, ayant
été, d'après les conseils de M. D'Arcet, débarrassé de son
enveloppe, de manière à rejeter l'air, non plus dans la cheminée, mais simplement dans le grenier, la ventilation est
devenue beaucoup plus active; pendant les trois derniers
jours, trois hommes, presque uniquement affectés au ta-

rare, se sont constamment succédé pour le mettre en mouvement.

A ce sujet, Mlle Peltzer fait observer que la ventilation par la cheminée d'appel lui a paru généralement insuffisante lorsque la température extérieure était plus élevée que la température intérieure.

Cette observation, qui s'accorde avec celles que j'ai faites moi-même dans plusieurs localités, mérite de fixer l'attention. En général, on ne s'est point encore assez attaché à rechercher les moyens de chauffage qu'il convient d'adopter.

Le foyer destiné à chauffer la cheminée d'appel doit être, par sa nature, bien différent de celui qui a pour but de chauffer la chambre d'air ; l'un doit être disposé de manière à répandre peu de chaleur autour de lui, pour la rejeter presque entièrement dans la cheminée ; l'autre doit satisfaire aux conditions précisément inverses. Il faut aussi qu'on se persuade bien qu'en l'absence du tarare, le poêle d'appel doit fonctionner constamment, toutes *les* fois que la température du dehors est égale ou supérieure à celle de l'atelier.

A Bargemont (Var), dans un pays de montagnes, M. le docteur Reverdit avait établi des gaînes et un tarare dont les dimensions n'étaient pas tout-à-fait en rapport avec la grandeur de l'atelier ; de plus, les ouvertures des gaînes avaient été pratiquées latéralement, disposition contraire à celle qui a été indiquée par M. D'Arcet, et que, dès l'année dernière, j'ai reconnue essentiellement défavorable : aussi, quoique l'air fût réellement renouvelé, et qu'on ne sentît aucune odeur, eut-on parfois, pendant la durée du cinquième âge, à se plaindre de l'état de l'atmosphère intérieure.

Le succès fut complet cependant ; mais il fallut, pour parer provisoirement à ces défauts de construction et secon-

der l'action de l'appareil, faire usage de quelques soupi-
raux et avoir recours à l'ouverture des fenêtres, en ayant
soin de profiter surtout des moments où la température était
la plus favorable.

A Saint-Roch, au contraire, à quelque distance de Bargemont, mais au fond d'une vallée, au milieu de prairies
souvent couvertes de brouillards, M. Sisteron crut devoir
donner à son appareil des dimensions qui d'abord parurent excessives, se réservant d'ailleurs d'éprouver le degré
de ventilation à l'aide du mouvement de rotation imprimé à
un moulinet léger placé à l'orifice de l'un des trous pratiqués
le long des gaînes, et de régler, s'il était nécessaire, cette
ventilation au moyen de registres disposés convenablement.

Grace à ces gaînes presque colossales, à une haute et
large cheminée d'appel constamment échauffée, et à un
tarare énergique, qui, en cas de besoin, pouvait appeler
l'air d'une cave placée au dessous de l'atelier, M. Sisteron
traversa, sans aucune difficulté et sans aucun secours étran-
ger à l'appareil, toutes les périodes les plus critiques de
l'éducation.

M. Bonnet, à Apt, s'étant trouvé dans la nécessité de
combattre l'influence d'une trop haute température développée à partir de la quatrième mue, s'est constamment
servi du tarare depuis ce moment jusqu'à la fin de l'éducation.

« Le ventilateur (m'écrit M. Bonnet) a été mis en mou-
« vement cinq jours de suite par deux hommes qui se re-
« levaient toutes les demi-heures. Après ce temps, les dis-
« positions nécessaires pour le mettre en communication
« avec ma roue hydraulique étant terminées, il a reçu son
« mouvement à l'aide de ce moteur.

« Dans cet état de choses (ajoute M. Bonnet), j'ai été à
« portée de faire une observation qui démontre bien que

« l'humidité de l'atelier est en raison inverse de l'inten-
« sité de la ventilation, et que, avec une force suffisante
« appliquée au tarare, on pourra s'en garantir. Le fai-
« ble cours d'eau qui alimente ma roue hydraulique baisse
« rapidement dès que la chaleur se déclare : aussi l'eau
« ne m'arrivait plus que par intervalles : pendant les mo-
« mens d'arrêt, le tarare était manœuvré à bras d'hom-
« mes. A cause de la haute température extérieure (25 à
« 26°), je faisais passer l'air employé à la ventilation dans
« une cave qui est malheureusement très humide ; il en
« sortait avec 16° de chaleur et 98° d'humidité. Ce degré
« hygrométrique, sous la température de 20°, qui était celle
« de l'atelier, correspond à peu près à 86°. Tant que le tarare
« recevait son mouvement de la roue hydraulique, l'hygro-
« mètre marquait 87° dans l'atelier, ce qui n'est guère qu'un
« degré de plus que l'air employé. Le tarare était-il ma-
« nœuvré à bras d'hommes, l'aiguille descendait lente-
« ment et s'arrêtait à 90°; les mêmes variations se suc-
« cédaient ainsi sept à huit fois par jour, suivant la force
« appliquée au tarare : une seule fois il y eut interruption
« dans la ventilation pendant vingt minutes ; l'aiguille dé-
« passait déjà 95°. Les variations du thermomètre étaient
« à peu près insensibles pendant ces alternatives. »

Dans l'arrondissement de Vienne (Isère), au domaine de
Grateloup, Mme Saint-Pierre, après avoir rendu compte
de quelques circonstances fâcheuses qui ont, sinon empêché,
du moins diminué le succès de l'éducation qu'elle avait en-
treprise, dit que cependant, bien loin d'avoir été trompée
dans la confiance que lui inspirait son appareil de ventilation, elle est parvenue, en l'appliquant, à dominer une de
ces touffes habituellement si funestes.

« C'était (écrit Mme Saint-Pierre) vers la fin de l'éduca-
« tion ; les cabanes étaient faites, et les vers commençaient

« à monter : une touffe s'annonçait, soit à l'extérieur, soit
« à l'intérieur ; l'air était chaud et pesant, la respiration
« était gênée ; le thermomètre avait un mouvement d'ascen-
« sion très prononcé. Une heure s'était à peine écoulée,
« quand tous les vers parurent en quelque sorte asphyxiés :
« ceux qui, moins avancés, étaient cependant déjà montés,
« restaient suspendus aux bruyères, la tête renversée et
« prêts à tomber ; enfin ceux qui étaient encore sur les
« claies paraissaient sans mouvement, étendus sur la
« feuille, et ne prenant aucune nourriture ; nous crûmes un
« instant toute la récolte perdue : nous eûmes recours à
« notre calorifère ; le feu fut immédiatement activé, comme
« si nous eussions voulu augmenter la température de l'a-
« telier de plusieurs degrés. Toutes les bouches du calori-
« fère furent ouvertes ; en même temps le plancher de la
« magnanerie fut fortement arrosé. Bientôt une ventilation
« puissante se manifesta, l'hygromètre resta stationnaire,
« et le thermomètre s'abaissa. Au bout d'un quart d'heure,
« tout était rentré dans l'ordre : les vers avaient repris
« toute leur apparence de santé : les uns avaient recom-
« mencé à manger ; les autres avaient relevé la tête, et
« cherchaient une place pour coconner ; et ceux qui déjà
« avaient commencé leurs cocons avaient repris leur tra-
« vail. »

Une observation du même genre a été faite dans le département de l'Ain par M. de Saint-Sulpice, qui, ayant vu,
au moment de la montée, quelques symptômes fâcheux se
manifester parmi les vers d'une table, fit accélérer et maintenir en permanence le mouvement du tarare.

« Au premier abord, dit cet éducateur, j'eus peine à
« me défendre d'un sentiment de crainte ; et toutes les
« objections présentées contre l'appareil de M. D'Arcet me
« revinrent à l'esprit. Quelques ouvriers proposèrent alors

« d'ouvrir les fenêtres, qui, pendant toute la durée de l'é-
« ducation, étaient restées hermétiquement fermées ; mais
« tenant à pousser jusqu'au bout mon expérience, et dé-
« cidé à *perdre ma récolte*, s'il le fallait, plutôt que de
« renoncer à me convaincre par moi-même du degré de
« puissance de l'appareil, je m'opposai formellement à
« l'ouverture des fenêtres, et je me contentai de la seule
« action du tarare.—J'eus bientôt la satisfaction de voir le
« succès répondre à mes efforts.

« Du reste (ajoute M. de Saint-Sulpice), mon appareil
« n'a pas cessé un seul instant de me donner les résultats
« les plus satisfaisants ; grace à la précaution que j'avais
« prise d'établir des planchers doubles et chargés de
« terre, et de construire des gaînes en planches épaisses
« de 32 *millim.*, assemblées à rainures et collées, et de plus
« maçonnées ou plafonnées avec soin dans les trois côtés
« qui ne correspondaient pas à l'atelier par les trous, je
« n'ai eu ni déperdition de chaleur, ni rayonnement dans
« la partie de la salle contiguë à la chambre d'air chaud.
« Les thermomètres placés à toutes les parties de la salle
« ont constamment marché ensemble, variant à peine d'un
« quart de degré ; et si, quelquefois, pendant le dernier
« âge, il se manifestait quelque odeur, je n'ai pu l'attri-
« buer qu'à la négligence des personnes chargées de mettre
« en mouvement les moyens de ventilation, le poêle d'ap-
« pel et le tarare ; car, aussitôt que le poêle d'appel était
« fortement chauffé et le tarare agité pendant quelques
« minutes, l'air vicié disparaissait entièrement.

« J'ai toujours maintenu dans l'atelier l'humidité né-
« cessaire, au moyen de deux plats de terre remplis d'eau,
« et placés sur les poêles en fonte situés dans la chambre
« d'air chaud. L'air extérieur, pendant l'éducation, a varié à
« midi, à l'ombre et au nord, de 6° à 23° 1/2, et j'ai pu fa-

« cilement et continuellement maintenir dans l'atelier, au
« moyen de l'appareil, 18 degrés dans les moments de
« touffes qui se sont manifestées vers les derniers jours
« de mai. L'air de l'atelier était constamment agité et
« rendu plus libre par la seule force du poêle d'appel,
« sans que l'on eût recours au tarare, dont l'usage ne m'a
« paru nécessaire que dans les deux derniers âges. »

M. Planel de Valence (Drôme), que j'ai signalé l'année
dernière comme ayant réussi à convertir en atelier *vraiment salubre* un local infecté depuis longues années par
la muscardine, dit dans un Rapport sur ses deux éducations
de 1837 et 1838, présenté cette année à la Société d'agriculture de Valence :

« La température, qui, jusqu'au 15 juin, avait été sou-
« vent au froid, s'éleva extérieurement à 25 et 26 degrés.
« Dans l'après-midi du 16, on respirait avec peine dans
« l'atelier; il s'y manifestait un peu d'odeur, chose qu'on
« n'avait que fort accidentellement observée depuis le com-
« mencement de l'éducation. Tous les hommes étant aux
« champs, occupés à la cueillette de la feuille, on manquait
« de bras pour l'emploi du tarare, dont je n'ai pu encore
« adoucir le mouvement : l'on se décida à ouvrir quelques
« trappes, les deux portes et deux des fenêtres ; on arrosa
« abondamment avec de l'eau fraîche, et l'on parvint ainsi
« à prévenir le développement d'un plus haut degré de
« chaleur. Cependant, aux approches de la nuit, la touffe
« augmentait, l'air était calme et lourd, l'humidité as-
« sez grande; je fis fermer exactement toutes les ouver-
« tures : deux hommes, alors disponibles, se relevèrent au
« tarare ; et, après un quart d'heure de cette ventilation,
« l'équilibre se rétablit dans l'atelier, et l'on y respira li-
« brement; ce que la touffe qui continuait ne permettait
« pas au dehors.

« Le lendemain 17, mêmes circonstances atmosphéri-
« ques, mêmes manœuvres, moins les arrosements. »

Puis, partant de ce fait pour se livrer à une discussion
sur les avantages de la ventilation artificielle comparée à la
ventilation produite par l'ouverture des fenêtres et des portes, et s'efforçant d'apprécier à leur juste valeur les repro-
ches d'insuffisance adressés à certaines parties de l'appareil
D'Arcet, il se résume en disant :

« Ces faits, qui déposent de la puissance du ventilateur,
« autorisent à conclure que son action est suffisante lors-
« qu'elle est convenablement dirigée ; et surtout, qu'un
« atelier D'Arcet, construit d'après les plans produits, em-
« pruntera toujours plus de secours du jeu de son tarare
« que de l'ouverture des fenêtres. »

En terminant, M. Planel annonce que, dans la même
localité, où, depuis 30 ans, toutes les tentatives ont été in-
fructueuses, le produit réalisé de 13 onces 2 gros de graines a été cette année de 670 kilos de cocons ; l'année
dernière 6 onces avaient produit 350 kilos de cocons.

Je pourrais pousser plus loin cet examen ; je pourrais
aussi, en reproduisant les intéressants détails qui m'ont été
communiqués par MM. Robert, Delafarge, Mazade, etc.,
donner de nouvelles preuves de la puissante action d'un appareil bien établi ; mais je me suis attaché seulement aux
faits qui m'ont paru les plus frappants ; et les développe-
ments qui viennent d'être donnés seront, je pense, suffisants
pour faire démêler, dans ce que j'ai appelé les moyens et
les circonstances de la première classe, les causes probables
des revers et des accidents.

Du reste, les hommes consciencieux qui savent qu'on ne
doit point se laisser décourager par l'insuccès d'une première épreuve pourront, de leur côté, se livrer à une investigation plus approfondie, et ils ne manqueront pas

d'en retirer des enseignements utiles et profitables à l'industrie.

Je passe maintenant à l'étude des moyens et circonstances de la deuxième classe, c'est-à-dire de ceux qui constituent la base réelle de toute éducation.

Relativement à cette seconde partie, il serait fort difficile de rechercher dans les diverses éducations les causes probables de quelques non-succès ; il faudrait en effet, pour être en droit de tirer des conséquences, être à portée d'apprécier les mille circonstances de toute nature qui peuvent et doivent nécessairement influer sur les résultats.

DES ÉDUCATIONS HATIVES.

De leurs principes et de leurs résultats.

Mais c'est ici le lieu de traiter une question fort importante qui a, depuis deux années particulièrement, fixé l'attention des éducateurs méridionaux ; je veux parler des *éducations hâtives.*

Sans doute les considérations dans lesquelles il sera nécessaire d'entrer fourniront quelques observations utiles aux éducateurs qui n'ont pas été assez heureux pour voir le succès répondre à leurs efforts.

Il y a déjà long-temps que certains auteurs avaient parlé des éducations accélérées : l'abbé Sauvage, entre autres, avait signalé une éducation à 30° qui lui avait assez bien réussi ; mais il n'avait donné à ce sujet aucun développement ni sur l'alimentation ni sur le degré hygrométrique ; il n'avait rien dit non plus de l'étendue de son essai ; et tout porte à croire que l'expérience avait été faite sur une petite quantité de vers.

Quoi qu'il en soit, le système d'éducations accélérées n'avait point prévalu ; et, lorsque le comte Dandolo posa les principes d'une éducation rationnelle, il adopta, pour

2

l'intérieur de l'atelier, une température de 19° à 16° sous
un degré hygrométrique de 55° à 65°, en recommandant
de diminuer à chaque âge le degré de chaleur, et il fixa à
trente-et-un ou trente-deux jours environ le temps qui devait
s'écouler entre l'éclosion et le jour de la montée aux
bruyères.

Ces préceptes, résultat de l'observation et de l'expérience, étaient généralement suivis ; et l'on songeait plutôt
à les rendre facilement applicables qu'à les modifier, lorsque parurent les instructions chinoises. Les Chinois sont et
doivent être nos maîtres en fait d'éducation ; et suivant
eux, selon que la durée de la vie des vers à soie est de
vingt-quatre, ou de vingt-huit, ou de quarante jours, la
quantité de soie recueillie varie dans les proportions de 25,
20 et 10 onces.

Alors les convictions durent être ébranlées, et on ne dut
point reculer devant de nouvelles épreuves. M. C. Beauvais, étudiant, approfondissant les prescriptions des livres
chinois traduits par M. Stanislas Julien de l'Institut, et
les interprétant même au besoin, dans certains passages
auxquels la concision du texte imprime un vague que la
traduction, malgré son extrême lucidité, ne pouvait faire
disparaître entièrement, tenta le premier l'application méthodique de l'éducation hâtive. Il adopta une température
de 25° à 22° (Réaumur), maintint constamment l'hygromètre entre 85° et 95°, et donna d'abord quarante-huit repas,
puis trente-six, et enfin vingt-quatre dans les trois derniers
âges. Les vers montèrent à la bruyère vingt jours après leur
naissance.—Cette épreuve faite sur une once de graines de
vers à quatre mues, en dehors de la grande éducation, eut
un plein succès. Elle fut répétée l'année suivante avec le
même bonheur.

Dès ce moment, M. Beauvais ne douta pas que l'éducation hâtive, généralement repoussée comme donnant des cocons faibles et difficiles à dévider, ne changeât de nature sous le régime d'une alimentation fréquente et régulière, d'un constant renouvellement d'air, et d'une température douce, uniforme, et légèrement humide.

Toujours empressé de faire partager à l'industrie les fruits de ses travaux et de ses découvertes, le Directeur de la Ferme modèle des Bergeries de Sénart publia les succès qu'il venait d'obtenir.

Les avantages que pouvaient présenter les éducations accélérées étaient trop bien appréciés pour que l'on ne conçût pas dans le Midi un vif désir de les voir se généraliser ; mais on sentit que les circonstances étaient loin d'être les mêmes en France que dans la Chine, favorisée par une immense population, par le bas prix de la main d'œuvre, et peut-être aussi par une température plus uniforme.

Cependant un assez grand nombre d'éducateurs, particulièrement ceux qui avaient appliqué à leur magnanerie l'appareil de M. D'Arcet, tentèrent d'abréger le temps de l'éducation, sinon dans les proportions de l'essai fait par M. Beauvais, du moins de manière à en réduire la durée à vingt-quatre, vingt-cinq, ou vingt-six jours.

Quelques uns pensèrent qu'il était convenable d'adopter une température de 21 à 22 degrés, en donnant vingt-quatre repas au premier âge, et douze ou au moins dix au dernier.

C'est d'après ces bases que M. Brunet de Lagrange composa son *Tableau synoptique*, où il résuma avec tant de simplicité et de netteté toutes les phases de l'éducation.

La plupart des éducateurs jugèrent qu'il fallait s'en tenir, pour le nombre des repas, à douze dans le premier âge, et à huit ou six au moins dans le dernier, sous une tem-

2.

pérature de 20° à 19°, et un degré hygrométrique de 70° à 85°.

Tous généralement s'accordèrent à admettre le principe de la température maintenue uniforme depuis le commencement jusqu'à la fin de l'éducation, principe contraire au précepte de Dandolo.

Entre tous ces essais, il en est qui ont pleinement réussi ; d'autres, je l'ai dit, ont échoué, sinon complétement, du moins sous le rapport de la qualité des cocons.

Comment expliquer ces différences dans les résultats ? Peut-être, il faut bien l'avouer, avec la volonté de suivre rigoureusement les prescriptions indiquées, on n'en a pas toujours eu la possibilité ; or, la moindre négligence dans les repas, dans les délitements surtout, ne peut manquer d'être funeste sous une haute température ; peut-être aussi n'a-t-on pas toujours été maître du degré hygrométrique ; peut-être n'a-t-on pas eu à sa disposition des moyens de ventilation suffisants pour lutter contre les touffes et toutes les intempéries de la saison, surtout lorsque ces crises de l'atmosphère se sont déclarées dans les temps les plus critiques de l'éducation ; ou bien même, trop esclave de la théorie, soit pour la distribution des repas, soit pour l'emploi des moyens de ventilation, n'a-t-on pas songé que l'inexpérience des ouvriers chargés du travail, ou quelques imperfections dans l'application du système, peuvent et doivent même autoriser la déviation des règles et du programme posés à l'avance.

Sans doute, enfin, il est certaines qualités de feuilles très aqueuses et peu substantielles qui, difficiles à digérer, causent à l'insecte des boursouflements ou des dysenteries, lorsque la surexcitation de son tube intestinal ne lui permet pas d'élaborer convenablement les sucs soyeux et nutritifs qu'il sécrète.

Ne voit-on pas dans ces explications mêmes le motif du

rejet des éducations hâtives, prononcé par l'expérience
méridionale? N'y distingue-t-on pas l'influence à laquelle
céda l'Éducateur Piémontais, lorsqu'il posa en principe la
nécessité d'abaisser la température à mesure que les vers
à soie avancent en âge, et qu'il adopta une température de
19° à 16°, sous un degré hygrométrique de 65°. Sans doute
il pensa qu'il devait régler ses préceptes sur les moyens
d'exécution ; il comprit la difficulté de répartir également
la chaleur dans toutes les parties de l'atelier, et de mettre
la main-d'œuvre en rapport avec les exigences d'une température élevée ; il comprit surtout le danger de cette température élevée, combinée avec une humidité souvent impossible à détruire en présence des causes incessantes qui
la déterminent, soit dans l'atmosphère, soit dans l'intérieur même de l'atelier. L'appareil de M. D'Arcet et l'application des filets étaient encore ignorés.

De toutes ces considérations diverses que doit-on conclure? — Que de nouvelles épreuves seront nécessaires.

Conclusions fondées sur l'examen des avantages et des inconvénients de l'éducation hâtive.

Mais, pour le moment, n'est-il pas raisonnable de penser, 1° qu'on aurait tort de vouloir poser des règles ab-
solues ; 2° que les saisons, la qualité de la feuille et l'état
de l'air atmosphérique dans la dernière période de l'éducation, doivent être pris en considération ; 3° que, dans
tous les cas, sans une main-d'œuvre abondante, sans un
moyen facile de délitements, sans un appareil de chauffage
et de ventilation bien puissant et parfaitement établi, l'application *absolue* de l'éducation *hâtive* est impraticable ;
4° *qu'enfin, une éducation qui aurait pour durée moyenne
suivant les saisons, vingt-cinq à trente jours, sous une température de 20° à 18°, sous un degré hygrométrique de 65° à*

85o, *et une alimentation qui devrait être de douze repas dans les premiers âges et de six au moins dans le dernier, serait, sous l'influence des moyens qui sont actuellement en notre pouvoir, celle qui, du moins dans les climats chauds, présenterait le plus de garantie de succès, et se trouverait en même temps à la portée du plus grand nombre des éducateurs.*

Ce double examen des circonstances générales qui peuvent et doivent influer sur les résultats d'une éducation, suffira, j'espère, pour expliquer en partie quelques mécomptes, pour donner une idée des inconvénients à éviter ainsi que des moyens propres à les combattre avec succès, et enfin pour mettre en garde contre de nouveaux accidents.

Dispositions particulières adoptées dans quelques ateliers.

Après avoir passé en revue les importantes observations qu'ont fait naître les diverses applications de la magnanerie salubre, je vais, pour compléter le compte rendu des renseignements que j'ai recueillis à cet égard, donner des indications sur certaines dispositions particulières, adoptées dans quelques ateliers où l'on a établi l'appareil de ventilation.

Ces indications se réunissent à celles que j'ai données dans mon rapport de l'année dernière, pour démontrer que l'appareil de M. D'Arcet est réellement applicable dans ses principes à presque toutes les localités, et qu'il est susceptible d'une foule de modifications qui le mettent, généralement du moins, à la portée des plus petites chambrées.

Chez M. Saint-Pierre, la cheminée d'appel, au lieu d'être placée à l'extrémité du bâtiment, se trouve au milieu; le calorifère inférieur est placé dans le sens de la largeur; et l'air arrive par une large ouverture, dans une grande gaîne, dont la largeur est égale à celle de la magnanerie, et qui communique avec plusieurs conduits espacés à intervalles égaux, et munis de tirettes destinées à régulariser la ventilation. Le poêle d'appel est disposé de manière à jeter sa chaleur dans la cheminée un peu au dessous des gaînes supérieures. M. Saint-Pierre croyant pouvoir compter sur la puissance de la cheminée, n'avait pas encore fait poser le tarare. Un seul et même système sert pour le chauffage et la ventilation de deux étages.

Cet appareil, qui a valu à M. Saint-Pierre les éloges du Conseil général de son département, a été établi par M. Danjoy, ancien élève de l'école centrale des arts et manufactures.

A Uriage, près de Grenoble, dans la magnanerie de M. Arvet, membre de la société d'agriculture, les gaines supérieures aboutissent à une petite chambre où est placé le poêle d'appel, de manière que l'air vicié de la magnanerie sert à la combustion; la petite chambre est d'ailleurs en communication directe avec la cheminée dont elle fait pour ainsi dire partie; de plus, un ventilateur soufflant a été placé dans la salle du rez-de-chaussée inférieure à la magnanerie.

A Voreppe, chez M. Perrin, le calorifère est dans un pavillon extérieur à l'atelier; les gaines sont disposées en pourtour le long des murs intérieurs de la magnanerie. Les conduits supérieurs aboutissent, soit à quatre cheminées d'appel symétriquement disposées, soit à un tarare à ailes courbes qui est placé au centre.

M. Delafarge, dont l'appareil a été rigoureusement et parfaitement établi d'après les plans de M. D'Arcet, a transformé en glacière, pendant la durée de l'éducation, un caveau voisin de l'atelier.

Pour apprécier le degré de ventilation, M. Delafarge a imaginé d'adapter, à l'extrémité de l'une des 'gaînes, un petit moulinet en bois à palettes, muni d'une sonnerie. Grace à ce simple et vigilant indicateur, sa surveillance ne pouvait être mise en défaut.

Chez M. Sisteron, la magnanerie et toutes les pièces de l'appareil de ventilation font partie intégrante de sa maison d'habitation.

La salle de l'atelier est formée d'un vaste appartement du second étage, qui, après l'éducation des vers à soie, est propre à recevoir une destination quelconque. La chambre d'air chaud est placée dans un cabinet d'une chambre à coucher du premier étage, où elle figure sous la forme d'un vaste placard; l'air frais, puisé dans la cave, arrive par des conduits dont les ouvertures disparaissent sous les panneaux de la boiserie. La cheminée d'appel pratiquée dans l'épaisseur du mur ne se voit qu'au dessus du toit, tandis que le poêle d'appel se trouve au rez-de-chaussée dans la salle à manger, où il peut servir, au besoin, de cheminée ordinaire. Le tarare et les gaînes supérieures sont placés dans les combles de la maison.

Enfin M. Alexandre, secrétaire général de la préfecture à Lyon, et M. Carrier, receveur des contributions indirectes à Manosque (Basses-Alpes), ont encore ajouté à l'exemple donné, l'année dernière, par M. Fargier dans le département de Vaucluse, les modèles de petites magnaneries salubres, économiquement construites, applicables à la chaumière du paysan.

Travaux indépendants des procédés de ventilation.

Passant à des travaux indépendants des procédés de ventilation, j'entrerai d'abord dans quelques détails au sujet de l'invention que j'ai indiquée au commencement de mon Rapport.

Appareil de M. Vasseur.

Cette invention, dont l'auteur est **M. Vasseur**, propriétaire à Charmes (Ardèche), consiste dans un mécanisme aussi simple qu'ingénieux, à l'aide duquel les claies ou tables sur lesquelles reposent les vers, viennent, par un mouvement de rotation qui, pour être imprimé, n'exige pas d'autre moteur que la main d'un enfant, se placer successivement à la hauteur des ouvriers (hommes, femmes, ou enfans) chargés de distribuer les repas et d'opérer les délitements et en général toutes les manœuvres de la magnanerie (1).

La disposition de ce système, qui est composé, non pas de tables isolément mobiles, mais d'assemblages mobiles de trois ou quatre tables fixées entre elles, permet de continuer le mouvement de rotation même au moment de la mise en bruyère, et pendant la montée.

Je n'essaierai pas d'en indiquer ici les détails ; sans dessin, je ne pourrais donner qu'une description fort incomplète. M. Vasseur se propose d'ailleurs de publier incessamment à ce sujet une notice complète.

Avantages de l'appareil de M. Vasseur.

Mais, d'après les simples indications qui précèdent, on comprend que cet appareil présente, tout à la fois, facilité et

---

(1) Un modèle en relief de l'appareil de M. Vasseur a été construit par ordre de M. le ministre du commerce, qui a fait décerner à M. Vasseur une médaille d'encouragement.

Le constructeur de modèles est M. Clair, rue du Cherche-Midi, n° 93.

commodité de service ; par suite, amélioration dans le travail, et économie dans la main-d'œuvre.

Outre ces heureux résultats qui se déduisent immédiatement de sa disposition, l'ingénieux système de M. Vasseur offre les avantages suivants, dont on peut facilement se rendre compte lorsqu'on l'a vu en activité :

1° En raison du mouvement imprimé aux tables, mouvement qui sera d'autant plus fréquent qu'on appliquera avec plus de soin le principe de la multiplicité des repas, il détruit complétement les inconvénients d'inégale température aux diverses hauteurs de l'atelier, et facilite essentiellement la circulation de l'air.

D'après cela, d'une part, il seconde puissamment l'action de l'appareil de M. D'Arcet, et résout même immédiatement toutes les objections qui ont pu être faites contre la difficulté de la diffusion et du renouvellement de l'air entre les tables ; d'autre part, il peut en grande partie suppléer à l'action de cet appareil dans les petits ateliers, où l'application du ventilateur serait difficile ou trop coûteuse ;

2° Rendant la main-d'œuvre plus facile et plus économique, il facilite, sous tous les rapports, l'emploi des méthodes d'éducation pratiquées et enseignées par M. C. Beauvais, et met ainsi à la portée de tous certaines pratiques qui, malgré leur supériorité incontestable, avaient peine à se généraliser.

3° Donnant à l'éducateur la possibilité de faire passer rapidement sous ses yeux toutes les tables de l'atelier, il réduit à la plus simple expression possible la surveillance, cette opération tout à la fois si difficile et si importante ; et, sous ce rapport encore, il se joindrait parfaitement à l'appareil de M. D'Arcet pour assurer le succès des grandes éducations.

4° Il s'oppose nécessairement à l'invasion de toutes les

maladies dues à la stagnation de l'air et à l'humidité des litières. Que ne doit-on pas, d'après cela, espérer de son action pour prévenir les ravages de la *muscardine ?*

5° Également applicable aux petits et aux grands ateliers, il embrasse réellement tous les besoins de l'industrie séricicole.

6° Enfin, il présente sur l'étendue du local, une économie que M. Vasseur évalue à 50 ou 80 pour 0/0 dans les magnaneries de hauteur moyenne, c'est-à-dire de quatre à six mètres.

Pour les magnaneries dont l'élévation excède six mètres, M. Vasseur a adopté un système fondé sur les mêmes principes, mais différent quant à la disposition des tables ; et, par cette disposition particulière, il pousse encore plus loin l'économie sur l'étendue du local.

Je me suis, en effet, convaincu de la vérité de ces assertions, en voyant le double système établi chez M. Vasseur, et en soumettant ensuite, moi-même, la question au calcul.

Réflexions sur l'extension donnée à l'appareil de M. Vasseur.

Mais, à l'égard de l'économie d'emplacement, je crois devoir faire ici quelques réflexions sur lesquelles je prends la liberté d'appeler l'attention de l'inventeur.

Est-il vraiment convenable de mettre à profit, dans toute son étendue, cette économie d'emplacement ?

N'y aurait-il pas d'abord lieu de craindre que, dans les derniers temps de l'éducation, lorsque les insectes prêts à filer leur cocon, ont besoin d'une puissante vitalité, le volume d'air ne fût point en rapport avec leurs besoins? n'aurait-on pas à redouter les dangers de l'humidité, dans ce moment où une masse prodigieuse de feuilles et de litières est répandue dans l'atelier, et où il se sépare du

corps des chenilles une énorme quantité de matières liqui-
des, vaporeuses et gazeuses?

D'un autre côté, la hauteur de 27 centimètres, adoptée par M. Vasseur pour l'espacement des tables de chaque
assemblage, est-elle réellement suffisante pour la facilité
du service, et s'accorde-t-elle bien avec l'usage des filets
pour les délitements?

Enfin, relativement au second système qui tendrait à
faire préférer pour magnaneries des bâtiments très élevés,
son application, du moins au delà de certaines limites, ne
serait-elle pas sujette à présenter, surtout si elle était
confiée à des mains inhabiles, quelques graves inconvénients, et même des dangers réels dus principalement à la
difficulté d'assurer la solidité de l'appareil?

Après avoir signalé les incontestables avantages du système de M. Vasseur, j'ai pensé qu'il ne m'était pas permis
de passer sous silence les objections qu'a fait naître dans
mon esprit, non pas l'appareil lui-même, mais la grande
extension que lui donne l'inventeur; toutefois, je n'attache
point à ces objections plus d'importance qu'elles n'en méritent, et je suis loin de prétendre qu'il soit impossible de
les détruire.

Quoi qu'il en soit, lors même que les inconvénients indi-
qués seraient réels, rien ne serait plus facile que de les
éviter, et le principe d'économie n'en subsisterait pas
moins.

Du reste, c'est dans les conséquences mêmes de l'application de l'invention de M. Vasseur que se trouve la véritable, la grande économie; et ces conséquences ne sauraient être soumises au calcul.

Résultats de l'éducation de M. Vasseur.

C'est en opérant avec ce système que M. Vasseur assure

avoir obtenu, avec de la graine du Dauphiné d'une part, et avec de la graine du Piémont de l'autre part :

Par once de graines $\left\{ \begin{array}{c} 104 \\ 70 \end{array} \right\}$ kilogrammes de cocons,

dont $\left\{ \begin{array}{c} 158 \\ 207 \end{array} \right\}$ pesaient un demi-kilogramme ;

après avoir dépensé d'ailleurs pour cinquante kilogrammes de cocons,

$\left. \begin{array}{c} 636 \\ \text{et} \\ 600 \end{array} \right\}$ kilogrammes de feuilles non mondées.

Ces deux espèces de cocons ont fourni, la première, dans la filature à vapeur de MM. Blanchon à Chomérac (Ardèche), à raison de 1 kilogramme de soie pour 10 kilogrammes 450 grammes de cocons, et la seconde, dans la filature de M. Demichaux, à Flaviac (Ardèche), 1 kilogramme de soie pour 8 kilogrammes 120 grammes de cocons.

Sans vouloir pousser plus loin qu'il ne convient les conséquences de ces résultats surprenants, qui paraissent du reste avoir été officiellement constatés par la Société d'agriculture de la Drôme, mais qui, pour faire loi, demandent à être sanctionnés par des épreuves répétées, je les signale ici, parce que, comparés aux produits ordinaires, ils sont bien de nature à faire voir quelle vaste carrière d'améliorations est encore ouverte devant nous.

Quant à l'appareil lui-même, il est possible que la pratique fasse sentir la nécessité d'y apporter quelques modifications ; mais on ne peut trop se hâter de le faire connaître ; et il est fort à souhaiter qu'on le soumette bientôt à des épreuves décisives.

Tout porte à croire que ces épreuves ne se feront pas long-temps attendre ; car, pendant toute la durée de l'éducation, l'atelier de M. Vasseur a reçu de nombreux visiteurs ; des sociétés d'agriculture et des comices y ont envoyé des députations ; et un grand nombre de demandes ont déjà été adressées à l'inventeur (1).

M. Vasseur, cherchant à pousser aussi loin que possible l'utilité de sa découverte, se propose d'en étendre l'application aux filatures pour l'étendage des cocons, dans le double but d'économiser sur l'étendue du local, et d'éviter les déchets considérables qui proviennent nécessairement du défaut d'aération.

Cette application du système des tables mobiles serait à coup sûr d'une haute importance pour le prix de revient et pour la qualité des soies.

L'appareil de M. Vasseur n'est pas la seule innovation que j'aie rencontrée cette année en visitant les magnaneries du Midi. Des essais de toute nature ont été tentés sur tous les points ; et chacun a voulu payer à l'industrie son tribut de lumières et d'activité.

Diverses inventions.

Ainsi à Grenoble, M. Bonnard, président de la Société d'agriculture, m'a communiqué un instrument fort simple, inventé par un mécanicien de la ville, pour couper la feuille pendant les premiers âges.

A quelque distance de Grenoble, chez M. Laforte, membre de la Société d'agriculture, j'ai remarqué un système de tables mobiles qui se déplacent par un mouvement d'ascension ou d'abaissement, et viennent ainsi successivement se poser à la portée des ouvriers. Rien n'est plus simple que le mécanisme qui produit ce mouvement.

(1) M. Vasseur a pris un brevet d'invention.

M. Bonnard m'a fait voir aussi un modèle de tables mobiles, imaginé par un ingénieur mécanicien de Grenoble, et présenté, il y a deux ans, à la Société d'agriculture. Dans ce système, comme dans celui de M. Vasseur, les tables se déplacent par un mouvement de rotation; mais la disposition adoptée, bien loin de présenter l'avantage de l'économie d'emplacement, exige au contraire beaucoup d'espace, et la construction en paraît assez dispendieuse.

A Uriage, M. Arvet a établi, pour le service des claies supérieures, un faux plancher, qui, rendu mobile par un simple jeu de charnières, n'a pas, comme les faux planchers ordinaires, le grave inconvénient de gêner ou d'intercepter la circulation de l'air.

A Viviers (Ardèche), M. de Lafarge a substitué aux faux planchers des espèces de petits chariots roulants, d'une longueur de 1 mètre 50 centimètres environ, consistant dans de simples planchers supportés par des roulettes.

Tels sont, monsieur le ministre, à l'égard des travaux qui concernent spécialement le perfectionnement de l'éducation des vers à soie, les détails et les résultats que j'ai recueillis en parcourant les départements méridionaux.

Ces nombreuses applications des procédés de chauffage et de ventilation, inventés par M. D'Arcet, et des méthodes rationnelles d'éducation, enseignées aux Bergeries de Sénart, les modifications et transformations que chacun a fait subir à la magnanerie salubre pour la généraliser et la populariser, l'ingénieuse invention de M. Vasseur, enfin les innovations de toute nature qui ont été signalées, vous donnent la mesure des efforts tentés aujourd'hui dans le Midi pour régénérer une industrie restée trop long-temps sous l'empire de la routine.

RECHERCHES SUR LA MUSCARDINE.

Je vais maintenant parler des recherches dont la muscardine a été l'objet.

Ces recherches sont, comme je l'ai dit, les compléments des travaux dont le but est d'assurer le succès des éducations. Car, pour que l'éducateur soigneux et intelligent puisse regarder sa récolte comme certaine, il faut qu'il soit bien sûr d'être à l'abri de cette funeste maladie qui semble mettre en défaut la surveillance la plus active, et anéantit parfois des chambrées entières, avant même qu'on ait pu, pour ainsi dire, s'apercevoir de son apparition.

Or, tous les moyens d'éducation signalés sont purement hygiéniques ; il importe donc de savoir si leur application bien entendue peut suffire pour empêcher les ravages du fléau dont nous avons à nous occuper.

Cette question avait déjà été résolue affirmativement, à diverses époques, par des hommes qui avaient fait une étude particulière de la muscardine.

Le docteur Nysten chargé, en 1806, par le gouvernement français d'une mission spéciale, après avoir reconnu l'inutilité et même le danger de tous les prétendus remèdes ou préservatifs, tels que fumigations acides et ammoniacales, affirme que les soins de propreté et le renouvellement de l'air sont les seuls moyens efficaces pour éloigner le fléau contre lequel tous les procédés chimiques sont insuffisants.

Après Nysten, Paroletti, en 1810, Foscarini, en 1819, et plus tard Brugnatelli et Configliacchi, professeurs à l'université de Pavie, parvinrent aux mêmes conséquences.

Paroletti particulièrement, après avoir rendu compte de ses expériences et des remarques qu'il a faites en suivant, pendant trois années consécutives, les détails de l'éducation dans plusieurs ateliers, dit en résumant :

« Par toutes les épreuves que j'ai faites, soit pour pré-

« server les vers à soie des atteintes de la muscardine,
« soit pour atténuer les effets de cette maladie, il m'a été
« démontré que l'attention des cultivateurs devait se diri-
« ger sur les moyens de diminuer le poids de la colonne
« atmosphérique et de rétablir l'élasticité de l'air qui, dans
« les touffes, paraît avoir perdu son ressort.

« On peut atteindre ce double but par des courants d'air
« mis en mouvement, par des évaporations de toute nature,
« et par des tubes de fraîcheur amenés d'un endroit frais
« ou des caves mêmes ; on peut encore rendre ces tubes
« plus utiles en ouvrant dans les planchers des issues qui
« leur correspondent.

« La circulation s'établit alors d'une manière rapide ; et
« l'air ambiant reçoit une impulsion qui paraît lui donner
« du ressort. »

Ces conclusions n'étaient alors fondées que sur l'examen
attentif des circonstances qui, d'ordinaire, précèdent, accompagnent et suivent le fléau ; la nature de la maladie
avait échappé à toutes les recherches. Les deux professeurs, cependant, devinèrent et annoncèrent que l'efflorescence muscardinique était véritablement une *moisissure ;*
et cette assertion fut bientôt reproduite par M. Bonafous,
qui parvint en outre à ce résultat, qu'une ventilation bien
dirigée était préférable à tous les moyens que la chimie
offre aux éducateurs de vers à soie, pour assainir l'air des
magnaneries.

Aujourd'hui, grace à la persévérance d'observation de
M. Bassi de Lodi, et aux investigations rigoureusement
scientifiques de M. Audouin de l'Institut, la nature, les
principes et les causes réelles de la muscardine sont incon-
testablement déterminés ; et de la connaissance parfaite de
cette maladie on conclut encore que, pour la prévenir, on
ne saurait employer de moyens plus efficaces qu'une ven-

3

tilation active et constante, jointe à une minutieuse propreté et à la complète exclusion de l'humidité des litières.

Que tous les éducateurs soient bien pénétrés de la vérité de cette conclusion ; et le fléau destructeur ne tardera pas à disparaître. Mais, pour arriver à ce résultat, une conviction pleine et entière sur la véritable origine de la maladie est d'abord absolument nécessaire.

Or, l'annonce que M. Bassi fit, à ce sujet, en 1835, après avoir produit, dans l'origine, une très grande sensation, trouva bientôt beaucoup d'incrédules. En effet, tandis que le fait fondamental paraissait contraire à toutes les lois de la physiologie, et que les conséquences et les résultats déduits de ce fait semblaient être en opposition avec des épreuves journellement répétées par les praticiens, l'observateur italien avait omis de prouver la justesse de ses assertions par une série d'expériences capables de la mettre hors de doute.

Résultats des expériences de M. Audouin.

Mais M. Audouin, par les travaux auxquels il s'est livré, a établi d'une manière positive la vérité devinée par M. Bassi, et a ajouté, à cette vérité première, des faits nouveaux qui s'y lient d'une manière intime, et en sont, pour ainsi dire, le complément nécessaire.

Les expériences de M. Audouin, tant par leur nature que par la manière dont elles sont développées, commandent d'elles-mêmes une confiance absolue ; et j'ai pu, cette année, dans mes relations avec les éducateurs du Midi, apprécier l'effet qu'elles sont capables de produire sur les opposants qu'a rencontrés la publication de M. Bassi, opposants parmi lesquels on compte bien réellement, suivant la juste expression de M. Audouin, *beaucoup plus d'incrédules que de contradicteurs.* Quoique purement scientifiques, ces expériences rentrent dans le domaine de la pratique et ouvrent une vaste carrière à l'observation.

Aussi je suis certain de répondre à un vœu général en demandant pour ces travaux et pour ceux qui s'y rattachent la plus grande publicité possible.

En attendant, je crois devoir donner ici à ce sujet une indication sommaire des principaux résultats obtenus.

Admettant comme un fait suffisamment démontré par MM. Bassi et Balsamo que l'efflorescence blanche qui se manifeste à la surface du corps du ver à soie mort de la muscardine est une moisissure, M. Audouin s'est d'abord proposé de décider par l'expérience les deux questions suivantes :

1° *L'efflorescence blanche, de nature végétale, qui se développe sur le corps d'un ver à soie mort de la muscardine, peut-elle, lorsqu'elle est inoculée sur un individu sain, produire une maladie semblable à la muscardine dans les symptômes qui l'accompagnent et dans les effets qui la suivent ; et, s'il en est ainsi, ces insectes sont-ils aptes à la contracter à leurs divers états de chenille, de chrysalide et de papillon ?*

2° *Le développement de la matière efflorescente, que l'on a reconnu être un cryptogame, végète-t-il à l'intérieur de l'insecte durant sa vie ?*

De ces questions, qui toutes deux furent résolues affirmativement, la seconde fixa surtout l'attention de M. Audouin ; tout, en effet, devait porter à voir dans le développement du champignon la conséquence plutôt que la cause de la maladie.

Pour obtenir une solution concluante, il pratiqua d'abord l'inoculation de la matière blanche et efflorescente du cryptogame sur quatre chrysalides récemment métamorphosées ; et soumettant successivement chacune d'elles à l'anatomie

3.

microscopique, il étudia et suivit jour par jour les changements qui eurent lieu depuis le moment de l'introduction jusqu'à celui de la mort ; il répéta cet examen sur un grand nombre de vers à soie à divers états, observa parfaitement toutes les altérations organiques, suites de l'inoculation, et acquit ainsi l'entière conviction que *le cryptogame se développe parasitiquement dans l'intérieur du corps des insectes durant leur vie, et que cette végétation est l'unique cause de leur mort.*

M. Audouin s'assura ensuite que le contact, aussi bien que l'inoculation, peut communiquer la maladie ; mais que l'apparition de l'efflorescence blanche à la surface du corps du ver à soie est une condition essentielle pour le premier mode de transmission ; il reconnut en outre que ce phénomène n'a jamais lieu avant la mort de l'insecte ; qu'à moins de circonstances particulières, elle se détermine seulement vingt-quatre ou trente-six heures après ; et que même, sous des conditions convenables d'humidité ou de sécheresse, on peut, à volonté, hâter ou retarder, déterminer ou empêcher la production de ce phénomène.

Enfin, poussant plus loin encore ses profondes et importantes recherches, le savant entomologiste parvint à démontrer :

1° *Que la muscardine peut apparaître spontanément et en tout lieu, lorsque certaines circonstances réunies favorisent son développement ;*

2° *Qu'elle n'est pas une maladie particulière au ver à soie, mais qu'elle est générale et peut être exclusivement propre à la classe des insectes ;*

3° *Que non seulement elle peut se propager des vers à soie à des insectes d'espèces très différentes, mais qu'ayant pris spontanément naissance chez une de ces espèces, elle peut, lorsqu'on la transmet à des vers à soie, leur occasion-*

ner cette même maladie qui se montre dans les magnaneries
et qu'on désigne sous le nom de muscardine;

4° Que, dans ce transport qu'on peut multiplier et varier
à l'infini en l'effectuant sur des insectes d'ordres, de familles,
de genres et d'espèces différens ou semblables, le cryptogame
et la maladie qu'il produit n'éprouvent aucun changement ;

5° Que, si les sporules disséminées dans l'air sont le
moyen qu'emploie la nature pour la reproduction de la
plante, on peut cependant obtenir son développement d'une
manière artificielle, en greffant certaines de ses parties,
par exemple son thallus, sur le tissu graisseux d'un in-
secte, c'est-à-dire sur ce même sol dans lequel les sporules
auraient végété;

6° Enfin que, par cette voie artificielle d'infection, le
cryptogame envahit beaucoup plus rapidement le tissu
graisseux, et qu'il amène une mort beaucoup plus prompte.

Entre ces résultats, tous obtenus dans le cabinet d'expériences, ceux qui, par leur nature, sont susceptibles d'être
vérifiés dans les ateliers, s'accordent parfaitement avec les
observations des praticiens; la partie relative aux circonstances dans lesquelles se développe la contagion a surtout
reçu une application directe ; déjà, l'année dernière, dans
mon Rapport, j'ai parlé à cet égard de l'heureux emploi
des filets pour arrêter la propagation de la maladie.

Expériences sur la propriété contagieuse de la muscardine. Procédés
de désinfection.

Ces expériences, faites sur divers points, concourent toutes au même but, et ne laissent plus aucun doute sur la
contagion.

Différents procédés pour désinfecter les ateliers et pour
prévenir le retour de la maladie ont été mis à l'épreuve.

A Montpellier , M. Charles Huc, membre de la Société

d'agriculture, assure s'être servi avec succès du moyen suivant pour chasser de sa magnanerie tous les germes muscardiniques : pratiquer dans l'atelier, avant l'éducation, d'abondantes fumigations, après avoir eu soin de luter hermétiquement les fentes et fissures des portes et des fenêtres; plonger, pendant quelques minutes, les meubles et les ustensiles dans un courant de vapeur d'eau ; faire blanchir tous les murs de l'établissement avec une dissolution d'alun et de chaux, et laver le pavé avec un mélange égal d'eau et d'acide sulfurique à 50 degrés.

M. D'Arcet, dans une note publiée l'année dernière, avait déjà indiqué les moyens d'appliquer l'appareil de ventilation à la désinfection des ateliers d'après les procédés de M. Bassi.

Le docteur Bérard, professeur à la Faculté de médecine de Montpellier, après s'être assuré que l'on pouvait communiquer la muscardine aux vers à soie en infectant les œufs par le contact des vers efflorescents, et avoir ensuite expérimenté que des vers, élevés dans des caisses saupoudrées de la poussière blanche, succombaient à la maladie, a complétement réussi à désinfecter les œufs et à purifier les caisses par des lotions de sulfate de cuivre.

Résultats des expériences de M. Johanys.

M. Johanys, membre de la Société d'agriculture de la Drôme, répétant les expériences de M. Bérard, et se livrant en outre à quelques recherches nouvelles, s'est proposé de s'assurer *si la muscardine est contagieuse, s'il existe des moyens à employer pour détruire le germe de la contagion, et enfin si la muscardine est une maladie qu'on peut faire naître et développer spontanément dans des circonstances données.*

Ces travaux, qui font le sujet d'un mémoire fort remar-

quable, inséré dans le bulletin, n° 8, de la Société d'agriculture, présentent des faits parfaitement conformes à ceux
qu'a obtenus M. Audouin, et dignes à tous égards de fixer
l'attention des naturalistes et des éducateurs; ces derniers
surtout pourront y puiser des renseignements d'une grande
importance.

Ne pouvant reproduire ici la série d'expériences faites
par M. Johanys, je vais indiquer les principaux résultats
auxquels il est parvenu.

Le premier fait reconnu par l'auteur du mémoire est que
la muscardine, véritable cryptogame, se développerait non
seulement sur le corps vivant du ver à soie, mais pourrait
aussi se développer long-temps après la mort de l'animal,
et sur des vers qui auraient accompli toutes les fonctions vi-
tales dans un parfait état de santé.

Ce fait posé avec les circonstances qui l'ont établi,
M. Johanys rappelle l'usage généralement adopté de jeter
des vers, à la fin de l'éducation, dans les cours et sous les
hangars, où se trouvent presque toujours réunies des
matières susceptibles d'entrer en fermentation.

Puis, admettant la propriété contagieuse, dont il démontre plus loin l'existence, il impute à un usage aussi
déplorable ces invasions subites et extraordinaires de la
muscardine, dans des magnaneries où elle n'avait jamais
existé auparavant, invasions qui dévastent parfois une
contrée tout entière; et, frappé de cette pensée, il fait un
appel à la sollicitude de tous les hommes éclairés qui s'in-
téressent à la récolte des soies.

Ensuite, M. Johanys rend compte des épreuves auxquelles il a soumis, d'une part des vers provenant d'une
graine préalablement contaminée, d'autre part des vers
placés eux-mêmes, à un certain âge, au milieu d'un foyer
d'infection, dans le but de vérifier tout à la fois et la pro-

priété contagieuse de la muscardine et la possibilité de
détruire le germe de la contagion ; il représente d'ailleurs
les épreuves faites comparativement avec des sporules
provenant de la *muscardine ordinaire et de la muscardine
dite spontanée, c'est-à-dire développée artificiellement sur
des individus morts.*

Et, par ce compte-rendu, il prouve d'une manière incontestable :

1° *Que la muscardine est contagieuse, et que la contagion
peut se développer soit par la contamination des graines, soit
par les sporules qui recouvrent les vers.*

2° *Que trois solutions ont la propriété de détruire complétement le germe de la muscardine communiquée aux
graines. Ces solutions sont les suivantes :*

1ʳᵉ solution , une partie d'eau et 1/20 d'alcool ;
2ᵐᵉ   id.   une partie d'eau et 1/20 de sulfate de cuivre ;
3ᵐᵉ   id.   une partie d'eau et 1/20 de nitrate de plomb.

3° *Que l'emploi du sulfate de cuivre et du nitrate de
plomb, pour laver les murs et les meubles des ateliers où
l'on élève les vers à soie, est propre à détruire, sinon complétement, du moins en grande partie le germe de la maladie ; et que ces deux sels, produisant à peu près le même
effet, peuvent être employés indifféremment (sauf le prix)
sans qu'il soit nécessaire d'ajouter des fumigations de
soufre.*

4° *Que la muscardine* SPONTANÉE *jouit des mêmes carac-
tères et des mêmes propriétés physiques que la muscardine
ordinaire, et que toutes deux sont susceptibles de développer la contagion ; mais que, toutefois, la muscardine spontanée paraît douée d'une moins grande énergie.*

Enfin l'auteur du mémoire, développant deux expériences qu'il a faites dans le double but, 1° de déterminer
quelle influence peut avoir sur les résultats de l'éducation

- 41 -

la négligence des éducateurs qui ne craignent pas de laisser séjourner les vers morts de la muscardine, sur les litières et au milieu des autres vers, et 2° de s'assurer si la garantie offerte par le lavage des appartements s'étendrait sur des vers déjà atteints de la contagion, conclut des résultats fournis par ces dernières épreuves :

Que, dans tous les cas, il est utile de laver les murs avec les préparations indiquées plus haut ; mais que les éducateurs, par leur négligence à enlever les morts, doivent infailliblement exposer leur récolte aux plus funestes conséquences.

En présence de ces importants travaux, les naturalistes et les éducateurs ne peuvent manquer désormais de se livrer à l'étude de cette singulière et terrible maladie ; et chacun s'efforcera, ou de se convaincre par soi-même de la réalité des faits annoncés, ou d'ajouter à ces faits des observations nouvelles qui les confirment, les étendent et les développent.

Visites de M. Audouin dans quelques magnaneries du Midi.

M. Audouin, désireux d'ajouter à ses observations expérimentales des remarques pratiques recueillies dans les magnaneries, a voulu mettre à profit cette année son séjour dans le Midi. Chargé par le gouvernement d'étudier la *pyrale destructive de la vigne,* il s'est détourné du but spécial de son voyage, pendant quelques jours, en faveur de l'industrie séricicole, et combinant sa tournée de manière à me rejoindre dans le département de Vaucluse, à l'époque la plus critique de l'éducation, il a visité avec moi des magnaneries de toute espèce.

En passant alternativement de l'atelier vaste et bien aéré à la chambre étroite et presque entièrement privée d'air et de lumière, de la chambrée propre et bien dirigée à la chambrée sale et presque délaissée, en touchant sondant, pour ainsi dire, certaines litières, l'habile observateur a vues confirmées toutes les assertions de la science, et s'est parfaitement rendu compte des pertes énormes qui chaque année portent la désolation dans les magnaneries. Il a été frappé de voir, dans certains ateliers, les tables couvertes de la *moisissure muscardinique*, sans qu'on parût songer à éloigner ces foyers de contagion; plein d'une conviction puisée dans des travaux consciencieux, M. Audouin a surtout éprouvé, comme il l'a dit lui-même, un *sentiment d'effroi*, lorsqu'il a vu ces litières pestilentielles répandues dans les rues; et qu'ensuite, pour le rassurer, on lui a répondu qu'en temps de pluie on avait soin de les faire enlever !

Accueilli avec empressement chez M. le marquis de Balincourt, M. Audouin a reconnu, en visitant son établissement modèle placé sous la direction de Mlle Peltzer, tout ce qu'on peut attendre d'un appareil de chauffage et de ventilation bien établi, et d'un système d'éducation rationnel et méthodique. A son départ, il a pu prédire que la muscardine n'atteindrait pas la magnanerie des Barinques.

Mais, comme pour frapper les esprits par le contraste, M. Audouin demanda la permission d'improviser dans un des appartements du château une petite chambrée *muscardinée*. A cet effet, il prit, dans la magnanerie même et chez les grangers, quelques vers des mieux portants, tous au cinquième âge ; mais à des jours différens, il roula les uns dans de la poussière muscardinique qu'il s'était procurée chez un fermier voisin, inocula aux autres, à l'aide d'une aiguille très fine, la semence du cryptogame, et confia le soin de cette éducation *prédestinée*, à madame de Balincourt, qui ne tarda pas à voir toute sa petite chambrée (sauf quelques vers qui moururent mous ou jaunes) victime de la fatale maladie; les vers atteints périrent, soit lorsqu'ils s'apprêtaient à filer, soit en faisant leur cocon, soit après l'avoir terminé, suivant qu'ils étaient plus ou moins avancés au moment où ils ont été soumis à l'épreuve.

Voulant moi-même mettre à profit cette occasion pour vérifier par ma propre expérience ces faits si extraordinaires et si importants, je pratiquai quelques inoculations en suivant aussi strictement que possible les prescriptions indiquées par M. Audouin; l'un des vers fut soumis à l'épreuve pendant son quatrième sommeil; j'emportai ces vers pour observer attentivement tout ce qui allait se passer; et je vis alors se réaliser, sous mes yeux, la plupart des phénomènes qu'a décrits M. Audouin.

Quelques vers cependant échappèrent à la maladie; mais il est bien à croire qu'ils durent leur salut à mon inexpérience, qui m'empêcha d'exécuter d'une manière sûre l'opération si délicate de l'inoculation (1).

------

(1) Pour donner une idée de cette opération, je reproduis ici la note publiée par M. Audouin sur le mode d'inoculation : « Je piquai « (dit M. Audouin) les vers au côté gauche, en arrière et un peu au « dessus du septième stigmate. L'aiguille avec laquelle j'opérais fut « enfoncée d'une ligne, et dirigée obliquement d'arrière en avant sous « les téguments, de manière à n'intéresser aucun organe essentiel. « Aussitôt il s'échappa une gouttelette d'un liquide jaune et limpide. « Cette piqûre étant faite, je saisis avec la pointe de l'instrument une « petite parcelle de la matière blanche (de la grosseur d'un quart de « millimètre en tous sens), et je l'introduisis sous la peau par la pi- « qûre. » — « Je dois remarquer (ajoute M. Audouin) qu'il ne faut pas « d'abord saisir la matière blanche avec la pointe de l'aiguille et pi- « quer ensuite, car il résulterait presque toujours de cette manière de « faire que la gouttelette qui s'écoule par la plaie entraînerait avec « elle cette matière, qui, spécifiquement plus légère, resterait à la » surface, et que l'aiguille seule pénètrerait dans le corps. On pi-

Je sens, Monsieur le ministre, qu'en m'étendant aussi lon-
guement sur les travaux relatifs à la *muscardine*, je me suis
écarté du cercle que me traçait la nature même du compte-
rendu que je dois vous présenter ; mais je sais aussi quelle
importance les éducateurs attachent à tout ce qui concerne
cette maladie ; je sais qu'en arrêter les ravages, ce serait
assurer et doubler tout à la fois la récolte de la soie ; et
j'ai pensé qu'on ne pouvait trop se hâter de signaler les
faits révélés par la science.

D'ailleurs, il importe que le fait de la transmission de la
maladie, soit par la voie de la contagion, soit par l'in-
termédiaire des germes muscardiniques répandus dans
l'atmosphère, devienne UNE VÉRITÉ RECONNUE DE TOUS ; car
c'est alors seulement *que l'on pourra, d'un commun accord,
prendre toutes les précautions nécessaires contre ce terrible
fléau ; c'est alors, sans doute, que chacun, partageant les
justes craintes de M. Audouin, et répondant à l'appel fait
par M. Johanys, se hâtera d'abolir la pernicieuse coutume d'étendre sur la voie publique des litières infectées de
muscardine, et empêchera d'accumuler, autour des magnaneries, d'innombrables éléments de contagion.*

**TRAVAUX ENTREPRIS DANS QUELQUES DÉPARTEMENTS
POUR RECULER LES LIMITES DES RÉGIONS APPELÉES
A PRODUIRE LA SOIE.**

Pour compléter le compte-rendu des travaux que j'ai été
chargé de constater, il me reste, Monsieur le ministre, à vous

« quera donc d'abord ; puis après avoir pris avec la pointe de l'instru-
« ment une petite parcelle de cryptogame, on l'humectera avec le
« liquide qui baigne le contour de la piqûre : une fois imbibée, et
« elle s'imbibe facilement, on la fera pénétrer dans la plaie. En
« agissant sous une loupe, on pourra s'assurer que l'opération est bien
« faite.... »

parler des travaux accomplis dans des départements qui n'ont point encore pris rang au nombre des départements dits *producteurs de soie*, et destinés, par conséquent, à reculer les limites des régions séricicoles.

Parmi ces contrées qui, encouragées par d'heureux essais, se sont livrées à l'espoir de s'enrichir des produits du mûrier, il en est qui marchent rapidement à la conquête d'une industrie devenue déjà pour elles une source de revenus ; et là surtout où il s'est rencontré quelques hommes à conviction profonde, à volonté ferme et persévérante, les doutes sur l'*introduction fructueuse* du précieux arbre ont été bientôt dissipées.

De toutes parts les agriculteurs ont jeté leurs vues sur cette branche féconde de notre économie rurale, et les plantations de mûrier se sont multipliées. Bientôt les merveilleux succès obtenus par M. *Camille Beauvais*, renouvelant sous le climat de Paris la tentative sans doute prématurée d'*Olivier de Serres*, ont imprimé partout une nouvelle et puissante impulsion, et ont fait penser que le moment était venu où se vérifierait le principe posé, il y a plus de deux siècles, que *la soie peut croître belle et bonne par tout le royaume de France, peu de lieux exceptés*.

Dès lors, dans les diverses parties de la France, le sol s'est couvert de mûriers ; et de vastes établissements se sont élevés, qui tous méritent, Monsieur le ministre, de fixer votre attention.

Mais, parmi les nombreux départements qui ont pris part à ce mouvement, je ne dois considérer ici que ceux qui ont été compris dans ma mission.

DÉPARTEMENT DE LA CÔTE D'OR.

Dans le premier que j'ai visité, celui de la Côte-d'Or, les essais tentés pour introduire ou plutôt pour faire revivre la culture du mûrier datent seulement de 1820 ; je dis pour faire revivre, car des documents authentiques prouvent que cette culture est fort ancienne en Bourgogne, et qu'à diverses époques, l'Administration supérieure s'est efforcée de l'encourager et de la propager. En 1786, d'après les renseignements donnés par M. Beaurepère dans un rapport présenté au comité central d'agriculture de Dijon, on fit des distributions gratuites de mûriers : on répandit, au moyen d'instructions imprimées à grand nombre d'exemplaires, les connaissances nécessaires à la culture du mûrier, à l'éducation des vers à soie et à la filature des cocons ; puis on établit une école pratique consacrée à l'étude de ces trois branches de l'industrie séricicole.

Mais la révolution vint interrompre le cours de ces travaux ; et les mûriers donnés par la province disparurent peu à peu avec la division des propriétés. Cependant quelques uns, malgré l'abandon complet où ils furent laissés, échappèrent à la destruction, et l'on voit encore leurs troncs se couvrir tous les ans d'une belle verdure.

Inspirés sans doute par la vue de ces arbres presque séculaires qui avaient résisté aux hivers les plus rigoureux, MM. Marlio et Darras firent de grandes plantations dans l'arrondissement de Sémur : les succès réveillèrent de tous côtés d'anciens souvenirs ; le Conseil général et l'Académie des sciences de Dijon favorisèrent le mouvement. En 1833, MM. Beaurepère et Lapertot plantèrent, à une lieue de Dijon, un clos de dix hectares.

Depuis cette époque la culture du mûrier a fait dans ce département des progrès rapides ; MM. Beaurepère et Lapertot ont eux-mêmes étendu leurs plantations ; et, dans l'espace de dix ans, le nombre des mûriers plantés à demeure, haute tige, nains et buissonniers, s'est élevé à 21 mille, 61 mille et 560 mille.

La plupart de ces plantations sont maintenant en rapport, et les comptes-rendus présentés au comité central
d'agriculture portent les produits des diverses éducations
à 70, 75 et 86 kilos de cocons pour 1000 kilos de feuilles.

MM. Béaurepère et Lapertot, dont les plantations et les
pépinières, faites en grande partie dans un sol aride et peu
profond, présentent une belle et active végétation, s'efforcent surtout d'étendre la culture du mûrier dans leur département, et d'y propager les meilleures méthodes. Leur
établissement, le plus considérable de ceux que j'ai visités, réunit les trois branches de l'industrie; l'appareil de
M. D'Arcet a été appliqué cette année à leur magnanerie,
où les méthodes enseignées aux bergeries de Sénart ont
été suivies avec soin.

Les soies récoltées dans cette riche contrée ont soutenu
avec avantage la comparaison des soies méridionales. MM.
Teulon, fabricants de soie à Lyon, m'ont donné les renseignements les plus satisfaisants sur la soie qui leur avait
été vendue par M. Buyfournier, propriétaire et planteur
de mûriers aux environs de Beaune.

Ces succès, d'un heureux augure pour la Bourgogne,
s'accordent bien avec cette maxime reconnue de tous
temps : *partout où la vigne croît, le mûrier prospère.*

DÉPARTEMENT DE L'AIN.

Dans le département de l'Ain, comme dans celui de la
Côte-d'Or, l'introduction de la culture des mûriers remonte à une époque assez ancienne ; et les troubles poli-
tiques ont aussi arrêté l'élan que le gouvernement s'était
efforcé de lui imprimer ; mais, soit que les progrès de l'industrie y aient été plus rapides, soit qu'on ait pu sauver un
plus grand nombre de mûriers, cette riche culture n'y a
jamais été complétement abandonnée ; et, soutenue par le

zèle éclairé d'un des plus savants agronomes de notre époque, M. Puvis, président de la Société d'agriculture de Bourg, elle s'est bientôt relevée de l'engourdissement dans lequel elle était restée ensevelie pendant les années orageuses de la république et sous les guerres de l'empire.

Dans l'arrondissement de Belley particulièrement, sous l'influence des exemples et des écrits de M. Lavigne, sous-préfet, elle a pris depuis 1830 un accroissement considérable. D'après les relevés faits par cet administrateur passionné pour l'agriculture, 43,835 kilos de cocons ont été produits, en 1833, dans cet arrondissement; en 1836, sur 112 communes, 77 cultivaient le mûrier; en 1837, on y comptait 121,833 mûriers haute tige.—C'est dans cet arrondissement que se trouve la magnanerie salubre de M. Charles de Saint-Sulpice.

Les autres parties du département ont présenté des progrès proportionnellement moins rapides. Il est vrai que le Bas-Bugey, ou l'arrondissement de Belley, paraît être le plus favorable à la culture du mûrier. Dans le Haut-Bugey, le climat est plus rigoureux. Dans la Bresse, arrondissement de Bourg, le sol est en général marneux ou argilo-siliceux. Dans celui de Trévoux, le versant oriental de la montagne, et le versant baigné par la Saône, paraissent les plus convenables au mûrier : les terres du plateau sont fortes et argileuses.

Quant au Bas-Bugey, situé dans le voisinage des montagnes et de la Savoie, sa position, son sol, son climat, tout semble l'appeler à s'enrichir des produits du ver à soie; tout y rappelle les Cévennes. Les éducations, même sans être traitées d'après les méthodes perfectionnées, y réussissent généralement fort bien : les cocons sont fermes et serrés; la soie passe pour y être forte et nerveuse; et, chose remarquable , il paraît qu'en moyenne , 9 à 10 kilos de cocons produisent 1 kilo de soie.

Ce fait, signalé aussi en Bourgogne, mérite d'être approfondi ; d'où peut venir en effet cette supériorité apparente sur les résultats obtenus dans les filatures méridionales , où l'on évalue à 11 ou 12 kilos (terme moyen) la quantité de cocons nécessaire pour produire 1 kilo de soie ?

DÉPARTEMENT DU RHÔNE.

Le département du Rhône , où l'on trouve encore épars dans la campagne des débris d'avenues de mûriers, pour la plupart buissonneux et presque informes , n'a pas suivi la marche progressive des départements qui l'avoisinent. En effet, d'après un relevé des rapports sur l'état comparatif des mûriers existant en France en 1820 et en 1834, relevé que je dois à l'obligeance de M. Alexandre , secrétaire général de la préfecture de Lyon, tandis que partout la comparaison des deux nombres de 1820 et 1834 présente une augmentation, cette comparaison, pour le département du Rhône seul, donne une diminution de 22,000 sujets.

Frappés de cette exception , présentée par un pays intéressé plus que tout autre à l'extension de la culture productrice de la matière première , élément essentiel de sa fortune et de sa prospérité, par un pays où les besoins de l'industrie pourraient être mieux compris, mieux jugés que partout ailleurs, quelques propriétaires se sont efforcés de faire renaître cette culture. D'anciens mûriers abandonnés ont été rendus à leur destination première ; et de grandes plantations ont été faites dans les diverses parties du département.

Au milieu des montagnes mêmes, dans une contrée qu'on aurait pu croire inaccessible à l'arbre originaire de la Chine,

4

Mme de Clérimbert n'a pas hésité à jeter les fondements d'un vaste établissement séricicole ; et, cette année, lorsque dans le Midi les mûriers ont subi les funestes atteintes de la gelée, ceux de la montagne, plus tardifs dans leur végétation, ont conservé saine et sauve leur première feuille.

Là aussi, assure-t-on, de superbes avenues de mûriers ont été sacrifiées à l'époque de la révolution. Quelques vieux sujets, épars dans les terres, semblent justifier cette assertion ; et M. de Clérimbert conserve avec soin quelques pièces d'étoffes fabriquées à Lyon, avec de la soie autrefois récoltée par sa mère dans le domaine de Clérimbert.

Grace aux produits fournis par les anciens mûriers, les essais d'éducation ont pu suivre de près les nouvelles plantations. MM. Alexandre et Bourcier, qui déjà avaient imprimé l'élan de la plantation, se sont empressés d'accueillir de nouvelles méthodes tendant au perfectionnement de l'industrie, et d'établir des magnaneries salubres. Les résultats qu'ils ont obtenus et les succès de Mme de Clérimbert ont éveillé l'attention des Lyonnais. Des fabricants éclairés, amis du progrès, ont secondé de tous leurs moyens des efforts dont ils apprécient l'importance ; et la Société d'agriculture, appelant dans son sein les hommes qui avaient donné l'impulsion, s'est placée elle-même à la tête du mouvement.

L'art de la filature est surtout et devait être en effet un objet spécial d'études et de recherches. M. Bourcier a déjà fait à cet égard divers essais comparatifs qui lui ont parfaitement réussi. Afin de pouvoir suivre avec soin ses premières expériences, il a fait construire cette année des métiers d'un modèle nouveau, et a ajouté à son établisse-

ment un petit atelier de filature qu'il se propose d'étendre
à mesure que les récoltes de cocons se multiplieront.

DÉPARTEMENT DE L'ILÈRE.

Voisin du département du Rhône, celui de l'Isère a déjà
pris rang parmi les départements dits *producteurs de soie* ;
la culture du mûrier est aujourd'hui une branche importante de l'agriculture de ce pays, dont la principale richesse
consiste dans les produits du sol. Cependant, dans beaucoup de localités, l'art de cultiver cet arbre précieux est
encore à son état d'enfance ; les règles de la taille sont
presque entièrement ignorées : on plante sans principes, et,
après la plantation, les mûriers ne sont point soumis à
une direction régulière. Infirmes, buissonneux, et pour la
plupart sauvages, ils ne donnent aucun profit. La cueille,
longue et pénible, coûte fort cher au propriétaire ; et l'ou-
vrier n'y trouve pas le prix de sa journée : aussi, dans
ces parties du département, l'industrie a fait fort peu de
progrès ; mais aujourd'hui l'Administration, dans sa sollicitude éclairée, stimule de tout son pouvoir le zèle des
agriculteurs, et la Société d'agriculture s'efforce de propager la connaissance des meilleures méthodes.

Dans les environs de Grenoble, les plantations, dirigées
avec beaucoup de soin d'après les conseils de MM. Bonnard, Charrel et Grand, présentent une végétation active
et brillante. La fertile vallée de Grésivaudan se couvre de
mûriers qui croissent et se développent avec une rapidité
prodigieuse.

Pour soutenir ces bonnes dispositions, il serait à désirer
que quelque agriculteur expérimenté, qui aurait une connaissance parfaite du climat et de la nature du sol, publiât
des instructions appropriées aux diverses localités du département. Ces instructions locales, dont j'ai déjà remar-

4.

qué l'heureuse influence, auraient le double avantage de seconder la propagation des mûriers en démontrant que la culture en est facile et fructueuse, et de répandre les bonnes méthodes susceptibles d'assurer le succès des plantations.

Dans ce département, où l'expérience, résultat de la pratique et de l'observation, est assez ancienne pour permettre d'apprécier les améliorations, et trop nouvelle pour que les préjugés puissent être enracinés, de nombreux essais ont été tentés pour mettre à l'épreuve les procédés et les méthodes qui se rattachent au perfectionnement de l'éducation des vers à soie.

DÉPARTEMENT DE LA HAUTE-GARONNE.

Enfin, le dernier département que j'ai visité, situé dans une région plus méridionale, celui de la Haute-Garonne, paraît avoir songé depuis peu d'années à généraliser la culture du mûrier. On y remarque seulement quelques localités où, depuis fort long-temps, les paysans se livrent tous, comme dans le Midi, à l'éducation des vers à soie. Mais l'exploitation de cette industrie a des limites bien tranchées ; il n'est pas rare de voir deux communes voisines dont l'une s'y adonne entièrement et l'autre y reste complétement étrangère.

La raison de ce fait singulier est que, dans la dernière commune, tous les anciens mûriers ont disparu, tandis que, dans la première, par suite de circonstances quelconques, ils ont, du moins pour la plupart, échappé à la destruction ; en sorte que la *coutume* d'élever des vers à soie s'est transmise sans interruption d'une génération à l'autre. Ainsi, ce sont les anciennes plantations qui sont mises à profit ; et telle est l'inertie de l'esprit de routine que, même en y trouvant avantage et profit, on ne songe pas à en faire de nouvelles.

Cependant quelques propriétaires, remarquant les résultats obtenus dans ces localités privilégiées, et étonnés surtout de la vigueur de ces anciens mûriers annuellement dépouillés de leurs feuilles, ont commencé à créer de grands établissements.

L'un des premiers formés, celui de M. Rolland, maintenant en pleine activité, et les plantations récentes de M. de la Peyrouse, faites sur une vaste échelle, paraissent avoir surtout fixé l'attention. La Société d'agriculture encourage et cherche à propager ces utiles exemples ; l'Administration elle-même seconde ce mouvement de tout son pouvoir. En un mot, l'élan est maintenant donné dans le département de la Haute-Garonne, appelé par la nature de son sol et de son climat, et par la proximité des départements *producteurs de soie*, à s'enrichir rapidement des produits d'une industrie qui se liera merveilleusement avec les diverses branches de son agriculture.

Vous le voyez, Monsieur le ministre, c'est sérieusement que l'on songe à étendre l'industrie de la production de la soie bien au-delà des bornes qu'on lui avait d'abord fixées ; et déjà plusieurs départements s'avancent assez rapidement dans la voie du progrès pour que l'on puisse espérer de les voir, dans un temps peu éloigné, en possession de cette nouvelle richesse agricole.

Des moyens d'assurer le succès des efforts tentés dans le but d'étendre la production de la soie.

Mais, pour que le succès réponde à ces efforts, il importe que, dès le début, on s'empare des meilleures méthodes, et qu'on ferme tout accès à des habitudes routinières.

Il faut d'abord se bien pénétrer des principes généraux de la culture du mûrier. L'opportunité de la greffe, l'appropriation des espèces au sol et à l'exposition, le mode de plantation, la direction et la préparation de l'arbre dans ses premières années, la taille, tels sont les principaux sujets d'étude sur lesquels il est nécessaire d'appeler l'attention des planteurs; la taille surtout doit être un objet spécial de recherches et d'observations.

Il faut aussi se pénétrer de toutes les conditions nécessaires au succès de l'éducation ; se rappeler qu'il ne peut y avoir de réussite assurée sans un système d'éducation rationnel et méthodique, secondé par des moyens puissants de chauffage et de ventilation ; et ne pas oublier que si, dans certaines parties du Midi, le climat peut suppléer parfois à la régularité des méthodes, on ne saurait, dans des contrées moins favorisées, se fier à des procédés incertains et irréguliers.

Il faut enfin qu'on fasse une étude approfondie de la filature. Cet art, simple en apparence, exige, de la part du filateur qui dirige et surveille les opérations, des connaissances très variées et très étendues; de la part de la fileuse chargée de les exécuter, de l'adresse, de l'attention et de l'intelligence. Il est d'ailleurs d'autant plus nécessaire d'y donner, dès le principe, tous ses soins, que, s'il y avait imperfection dans les produits, on ne manquerait pas, sans songer aux difficultés de la filature, d'attribuer cette imperfection à la mauvaise qualité des cocons; et la dépréciation des soies sur les marchés porterait un coup funeste à une industrie naissante.

C'est afin de satisfaire à toutes ces conditions qu'un agronome distingué, un des hommes dont les utiles et importants travaux feront époque dans la marche progressive de l'industrie séricicole, M. Amans Carrier, de Rhodez, proposa, il y a quelques années, de former dans chaque département un ou plusieurs établissements modèles qui réuniraient la pépinière avec la culture spéciale du mûrier, la magnanerie perfectionnée avec les meilleures méthodes d'éducation, et la filature avec l'application des procédés appropriés tant à la nature et à la qualité de la soie qu'à la destination et à l'emploi des produits.

Cette année, le même agronome, exposant au Conseil général les besoins de l'industrie dans son département, où il a mis lui-même à exécution le projet proposé, émet le vœu que des fonds soient spécialement alloués :

1° Pour former des jeunes gens capables de diriger dans chaque arrondissement la culture du mûrier et l'éducation des vers à soie, et de dresser eux-mêmes autant d'élèves que possible ;

2° Pour attacher des maîtresses habiles aux filatures déjà existantes, ainsi qu'à toutes celles qui viendraient à se créer, afin d'initier des jeunes filles du pays à tous les procédés de la meilleure filature ;

3° Pour distribuer des primes d'encouragement aux propriétaires qui se livreront avec le plus de zèle, d'intelligence et de persévérance aux plantations et aux éducations.

C'est aussi parce que M. Camille Beauvais comprit la nécessité de répandre l'instruction par tous les moyens possibles, qu'après avoir implanté le mûrier aux portes de la capitale, il conçut la pensée de fonder une école modèle.

Sous l'influence des mêmes convictions, un savant distingué, M. Robinet, appelé par la confiance de ses concitoyens à créer une magnanerie modèle dans le département de la Vienne, a ouvert à Paris et à Poitiers des cours publics.

Suivant le même ordre d'idées, une Société, centre d'une vaste association à laquelle doivent aboutir tous les **travaux entrepris à la fois dans le Midi, dans le Centre, et**

dans le Nord de la France, a été instituée sous le nom de
Société *Séricicole,* et des journaux spéciaux ont été créés,
l'un à Paris même, sous les auspices de la Société Séricicole, et l'autre dans le Midi, sous la direction de M. Amans
Carrier.

DES MESURES PRISES PAR LES ADMINISTRATIONS DÉPARTEMEN-
TALES ET PAR LES SOCIÉTÉS D'AGRICULTURE.

C'est enfin pour répondre à ces vœux et pour seconder
ces efforts que déjà, dans plusieurs départements, ainsi
que je l'ai dit, des mesures ont été prises à l'envi par
l'Administration et par les Sociétés d'agriculture, afin de
rendre solides et durables les progrès de l'industrie.

Dans le département de l'Isère, des établissements particuliers se sont organisés à l'instar de l'école modèle des
bergeries de Sénart, sous la direction de quelques élèves
envoyés à Paris l'année précédente, aux frais des départements, pour suivre les cours de M. Camille Beauvais. Ces
institutions provisoires ont été formées en attendant que
la Société d'agriculture puisse mettre à exécution son projet de fonder une école spéciale pour la culture du mûrier,
l'éducation des vers et la filature de la soie.

A Lyon, la Société d'agriculture a nommé dans son sein
une commission permanente chargée spécialement de
l'examen de toutes les questions qui se rattachent à l'industrie des soies. Cette commission, suivant l'exemple
donné l'année dernière par la Société d'agriculture de Valence, a établi des ateliers où elle s'est livrée à des essais
comparatifs des procédés anciens et des procédés nouveaux.

L'Administration a alloué des fonds pour faire venir du
Midi des hommes instruits dans la taille du mûrier, à l'ef-

fet. de créer des plantations nouvelles, de régénérer les anciennes, et de former en même temps des élèves.

Une mesure semblable a été prise dans le département de l'Ain.

A Privas (Ardèche), un professeur spécial pour la culture du mûrier a été attaché à l'école normale : homme de pratique, appelé du département du Gard, il conduit ses élèves sur le terrain, leur fait étudier le mûrier dans les différentes périodes de sa végétation, et apprécier les diverses influences du sol et du climat. Un jour, ces élèves, devenus Instituteurs, propageront dans la campagne les principes raisonnés qu'ils auront reçus de leur maître. On a l'intention de compléter ce cours par l'enseignement des meilleures méthodes d'éducation.

Un habile mécanicien a été envoyé du même département (Ardèche) chez M. Camille Beauvais et chez quelques éducateurs du Midi, pour étudier la construction des magnaneries salubres.

Ces mesures, qui ont déjà produit les plus heureux résultats, doivent être complétées par de nouvelles dispositions propres à en assurer le succès ; et, dans la dernière session, un grand nombre de Conseils généraux, répondant à cet élan général, ont affecté à l'industrie de la soie une partie des ressources du département, ou se sont accordés à émettre le vœu qu'une portion notable des 800,000 francs destinés aux améliorations agricoles soit consacrée à encourager le perfectionnement et l'extension de cette riche branche de notre économie rurale.

Qu'on résume maintenant tous les travaux qui viennent d'être signalés, en remarquant d'ailleurs que, dans ce compte-rendu, j'ai dû me borner aux *douze* départements que j'ai visités, et que même, dans ces douze départements, la rapidité de mes explorations m'a nécessairement obligé à laisser de côté bien d'autres travaux utiles ; que l'on remonte ensuite à l'origine et à la date du mouvement qui les a produits, et l'on ne pourra s'empêcher de remarquer avec une sorte d'étonnement la marche rapide d'une industrie restée si long-temps stationnaire.

Mais, il faut le reconnaître, une force puissante était seule capable d'imprimer une si énergique impulsion ; la même force peut seule désormais soutenir le mouvement et faire atteindre le but !

Je suis, avec le plus profond respect,

Monsieur le Ministre,

Votre très humble et très obéissant serviteur,

Henri BOURDON,

Ancien élève de l'Ecole polytechnique.

Novembre 1838.

CONSIDÉRATIONS GÉNÉRALES

RELATIVES

AU RAPPORT DE M. H. BOURDON,

PAR M. D'ARCET,

Membre de l'Académie des sciences.

Le rapport que M. Henri Bourdon vient de faire à M. le Ministre de l'agriculture et du commerce, sur la mission qu'il a eue à remplir, en 1838, signale des faits qui me paraissent avoir une grande portée. On y voit que les producteurs de soie, dans le Midi, ont bien apprécié les efforts faits par le gouvernement pour donner une grande impulsion à la culture du mûrier et à l'éducation des vers à soie ; on y trouve la preuve que les perfectionnements introduits dans les magnaneries du Nord de la France sont reçus, étudiés et appliqués en grand, par les magnaniers du Midi, non seulement sans prévention, mais encore en agissant dans un esprit de recherches et de progrès fort remarquable : on y voit encore que les magnaniers du Midi rendent à ceux du Nord de nouveaux perfectionnements pour les améliorations qu'ils en ont reçues, et qu'avec une telle impulsion et de tels succès, il est impossible de ne pas prévoir comme prochain l'entier développement de la belle et grande industrie de la production de la soie en France.

Quant aux difficultés et à quelques mauvais résultats

cités dans le rapport de M. Bourdon relativement à la construction et au service des magnaneries salubres, loin de s'effrayer, on s'étonnera sans doute de voir que ces échecs n'ont pas été plus nombreux et plus nuisibles, si l'on fait attention aux grandes différences qui existent entre les anciens et les nouveaux procédés d'éducation, et si l'on tient compte des obstacles qui s'opposent toujours à l'abandon d'anciennes habitudes, à l'appropriation de nouvelles idées, et surtout à la prompte adoption de nouveaux procédés dans l'industrie agricole.

J'avais d'abord eu l'intention de passer en revue ces non-succès et d'indiquer à quelles causes il faut les attribuer ; mais, en agissant ainsi, je n'aurais presque toujours eu à signaler, pour chaque cas particulier, que l'oubli des mêmes principes ou la négligence des mêmes précautions ; j'ai donc cru plus utile de m'en tenir à un simple exposé des principes les moins bien compris et des soins qui ont été trop négligés dans la construction et dans le service de quelques nouvelles magnaneries.

La question de l'assainissement des magnaneries se composant d'une infinité de cas particuliers, il m'a bien fallu, en pratique, la traiter en thèse générale et laisser ensuite à chaque magnanier le soin d'appliquer convenablement les principes donnés, à ses convenances et à toutes les exigences de sa localité : or, ces principes sont maintenant bien établis ; il ne reste donc plus qu'à en propager la connaissance et qu'à en faciliter la bonne application dans toute espèce de localité : tel est le but que je me suis proposé en ajoutant les notes suivantes au rapport de M. Henri Bourdon.

Du renouvellement de l'air dans la magnanerie.

Ayant à établir, en 1834, les plans de la magnanerie salubre de Villemomble, et n'ayant alors aucune donnée spéciale relativement au degré de ventilation nécessaire à cette sorte d'atelier, j'étais parti de ce principe, reconnu exact pour nos salles d'assemblée, qu'il fallait que la totalité de l'air fût remplacée dans la magnanerie une fois par demi-heure, et je proposai d'admettre cette donnée comme base des calculs à faire pour établir les dimensions de toutes les parties de l'appareil ventilateur. Il ne m'est pas démontré que cette puissance de ventilation ait été trop faible dans le Nord de la France; mais il est maintenant bien prouvé qu'elle n'a pas suffi dans les magnaneries des pays chauds, et qu'il sera là fort essentiel d'y renouveler plus souvent la totalité de l'air.

On pourrait arriver à ce but sans augmenter les dimensions des chatières, des gaînes et de leurs trous inégaux; mais il faudrait, pour cela, donner plus de vitesse au courant ventilateur; ce qui exigerait l'emploi d'une force motrice beaucoup plus grande, et serait plus coûteux ainsi que plus gênant. Je pense donc qu'il faudra, dans le Midi, calculer les dimensions de l'appareil ventilateur en partant de cette donnée, que le renouvellement intégral de l'air dans la magnanerie doit s'effectuer une fois par quart d'heure. Il est probable que l'on dépassera ainsi le besoin des localités les plus défavorables; mais il sera bien facile de réduire la ventilation au degré convenable, quand on n'aura pas besoin de l'employer dans toute la puissance que l'appareil pourra lui donner.

Du tarare, de la cheminée d'appel et de son fourneau spécial.

On sait qu'à l'époque où se font les éducations de vers à soie, il arrive très souvent, surtout dans le Midi de la France, que l'air est plus chaud à l'extérieur des bâtiments que dans l'intérieur, et qu'alors la ventilation naturelle des chambrées est, ou interrompue, ou même quelquefois établie en sens inverse : de là est venue la nécessité de commander la ventilation par un moyen mécanique capable de donner, dans tous les cas, une direction ascensionnelle au courant ventilateur : or, c'est dans ce but que j'ai proposé l'emploi du tarare. Il est évident qu'il est nécessaire de toujours donner à cet instrument un peu plus de puissance qu'il n'en faudra développer dans les circonstances les plus défavorables, et que, dans les circonstances ordinaires, pour réduire convenablement la puissance du tarare, on n'aura qu'à en diminuer la vitesse de rotation, ou bien qu'à y laisser pénétrer une quantité suffisante d'air extérieur aux deux extrémités de son axe : j'ajouterai que le tarare ne doit être employé que comme machine aspirante ; que l'air doit être projeté au dehors par toute sa circonférence, et je rappellerai ici que l'on doit à M. Combes un travail complet sur la construction des tarares, sur le calcul de la vitesse qu'ils donnent à l'air, et sur leur emploi dans les magnaneries : je conseillerai enfin aux constructeurs de bien étudier cette question avant d'établir les tarares qui leur seront demandés.

La cheminée d'appel, dont j'ai conseillé l'emploi pour les circonstances ordinaires où, la ventilation se trouvant naturellement établie, il ne s'agit que de l'activer au point convenable, pourrait remplacer complétement le tarare; mais il faudrait pour cela qu'on lui donnât une grande hauteur avec une section transversale convenable, et il faudrait en

outre qu'on pût toujours à volonté y élever la température,
au moyen du fourneau d'appel, assez pour y donner,
comme dans les cheminées des machines à vapeur, cinq
à six mètres de vitesse par seconde au courant d'air : ce
seraient là des conditions onéreuses à remplir, surtout pour
un service qui ne se fait que pendant quelques jours chaque année ; il faut donc construire la cheminée d'appel et
s'en servir comme je l'ai indiqué, et compter sur la puissante action du tarare dans toutes les circonstances où la
cheminée d'appel et son fourneau ne seraient pas suffisants
pour produire le degré convenable de ventilation.

On a fait observer, avec juste raison, que j'aurais pu ne
faire commencer la cheminée d'appel qu'à la hauteur du
plafond de la magnanerie ; que j'aurais pu placer son fourneau à cette même hauteur ; et enfin que j'aurais dû ali-
menter la combustion dans le foyer du fourneau d'appel,
non avec de l'air extérieur, mais avec de l'air vicié, pris
à sa sortie par les gaînes du haut de la magnanerie. Je ré-
pondrai à ces objections que j'ai souvent adopté ce genre
de construction ; que c'est ainsi qu'a été établie une partie
de la ventilation de la salle des séances ordinaires de l'Institut, et que, si je n'ai pas conseillé d'adopter ce système
d'appel dans les magnaneries, cela n'a été que pour ne pas
placer loin de la surveillance du maître une cause permanente d'incendie et de désordre dans le grenier du bâtiment. Les magnaniers qui ne partageraient pas mes craintes
à ce sujet feraient donc bien d'établir leur cheminée d'appel et son fourneau à partir seulement du plafond de l'a-
telier ; d'y réunir le tuyau du calorifère, et de n'alimen-
ter la combustion dans le fourneau d'appel qu'avec l'air
vicié pris à la réunion des gaînes du haut de la magnanerie.

Du percement des séries de trous inégaux servant à établir une
communication directe entre toutes les gaînes et l'intérieur de la
magnanerie.

J'ai dit que, pour chaque gaîne, les diamètres de ces
trous inégaux devaient croître en progression arithmétique,
et que ces trous devaient être placés, relativement à leurs
circonférences, à égale distance les uns des autres. Je ne
vois rien à changer à cette donnée théorique : quant à sa
mise en pratique, je ferai observer combien la méthode
graphique que j'ai indiquée, page 16 de la troisième édition de mon Mémoire sur les magnaneries salubres, fa-
cilitera le tracé de la série de ces trous inégaux : je me
servirai d'un exemple pour bien faire comprendre la marche et les détails de ce mode d'exécution.

Je supposerai qu'il s'agit d'établir une magnanerie dont
chaque gaîne doit avoir 30 mètres de longueur et 15 décimètres carrés d'ouverture ou de section transversale ; d'a-
près ce qui a été dit dans mon Mémoire, il faudra que la
somme des surfaces des trous inégaux à percer sur chaque
gaîne soit égale à 18 décimètres carrés. Cela posé, je choi-
sirais plusieurs feuilles de carton, mince et lissé, ayant le
même poids pour la même surface, et j'y découperais un
rectangle ayant une surface de 18 décimètres carrés. J'y
découperais ensuite une série de cercles dont le plus petit
aurait 25 millimètres de diamètre et dont les diamètres
iraient en augmentant de 1 millimètre pour chaque cercle.

Cela fait, je mettrais le rectangle de carton dans le plateau d'une balance, et je l'équilibrerais en plaçant, dans
l'autre plateau, le nombre convenable de cercles en carton,
pris suivant leur ordre, dans la série croissante dont il
vient d'être parlé. J'aurais ainsi une série de cercles dont

la somme des surfaces serait égale à 18 décimètres carrés.

Dans le cas dont il s'agit, cette série se composerait de 65 cercles, dont le premier aurait 25 millimètres de diamètre, et dont le dernier aurait un diamètre de 89 millimètres.

Pour avoir la somme des diamètres des 65 cercles, je n'aurais, en appliquant le calcul des progressions arithmétiques, qu'à ajouter 25 à 89, ce qui donne 114, et à multiplier ce nombre par 32,5, moitié du nombre des termes dont se compose la progression. Cette multiplication me donnerait le nombre $3^m,705$. La partie trouée de l'axe de la gaîne aurait donc 3 mètres 705 millimètres de longueur : en déduisant cette longueur de la longueur totale de la gaîne, qui est de 30 mètres, on trouvera que le bois du dessus de la gaîne restera plein dans une longueur de 26 mètres 295 millimètres. En divisant maintenant cette longueur par 66, nombre des trous plus un, on aura pour quotient 398 millimètres, nombre qui exprime la distance qui devra exister entre le bout de la gaîne et le premier trou, entre tous les trous de la série, et, enfin, entre le dernier trou et l'extrémité opposée de la gaîne.

On tracera alors, sur le dessus de la gaîne, une ligne droite la divisant en deux parties égales dans le sens de sa longueur ; on placera sur cette ligne les 65 cercles de carton, en les prenant dans leur ordre naturel et en faisant coïncider leurs centres avec la ligne ; on les répartira sur toute la ligne, en les espaçant les uns des autres, de 398 millimètres ; on tracera leurs circonférences sur le bois au moyen d'un crayon ; on enlèvera les cercles de carton ; et on n'aura plus qu'à faire percer les trous exactement suivant leur tracé (1).

---

(1) Si l'on employait de la tôle mince, au lieu de carton, pour faire

La pratique de ce mode de construction est beaucoup plus simple et plus facile que ne le ferait paraître la description que je viens d'en faire; aussi est-ce avec une entière conviction que j'en conseille l'emploi à toutes les personnes qui auront à construire des magnaneries salubres.

<hr/>

Lorsqu'on construit la chambre à air d'une magnanerie salubre au dessous de l'atelier, il faut, comme je l'ai dit, que son plafond ou sa partie supérieure soit éloignée, au moins d'un mètre, du dessous du plancher de la magnanerie; dans ce cas, comme dans celui où la chambre à air se trouve placée en dehors du bâtiment, on doit faire aboutir les gaînes inférieures à un coffre transversal ayant une section égale à la somme des sections de toutes les gaînes; on fait déboucher ce coffre à droite et à gauche, en dehors du bâtiment, et on le met en communication avec la chambre à air, au moyen de quatre gaînes verticales symétriquement établies et ayant à elles quatre autant d'ouverture qu'en a le coffre : on conçoit qu'au moyen de tirettes convenablement placées, on peut alors prendre le courant ventilateur, soit dans la chambre à air chaud, soit au dehors du bâtiment, et mélanger à volonté, et dans telle proportion qu'on le voudra, l'air échauffé par le calorifère avec l'air pris à l'extérieur.

Si l'on s'arrangeait pour faire communiquer, à volonté,

<hr/>

l'opération graphique dont il vient d'être parlé, on aurait l'avantage de pouvoir appliquer successivement la même série de cercles au percement des gaînes de toutes les magnaneries que l'on aurait à construire, ce qui simplifierait beaucoup le travail.

les quatre gaines verticales de la chambre à air avec l'atelier du rez-de-chaussée, et le coffre transversal avec une cave, un puits, ou tout autre réservoir d'air froid, on concevra encore qu'en manœuvrant bien les tirettes de ces différentes prises d'air, on parviendrait facilement à ventiler la magnanerie avec de l'air échauffé par le calorifère, ou avec de l'air pris dans l'atelier du rez-de-chaussée, ou avec de l'air pris au dehors du bâtiment, ou bien avec de l'air frais pris dans la cave ; et il est évident que l'on pourrait en outre, en manœuvrant bien les tirettes, faire varier comme on le voudrait la température du courant ventilateur, en le composant de proportions convenables des différents courants d'air partiels dont on pourrait disposer.

On voit que les moyens abondent pour obtenir et pour régulariser la température du courant ventilateur : je pense, qu'à ce sujet il ne reste encore qu'à recommander de bien étudier tout ce qui a été dit dans mon Mémoire, et d'en faire avec intelligence l'application, dans tous les cas particuliers qui se présenteront lors de l'établissement des magnaneries salubres.

De la nécessité d'activer, dans quelques circonstances, le renouvellement de l'air entre les claies.

On a remarqué dans quelques magnaneries, d'ailleurs bien ventilées, qu'il arrivait dans les moments de *touffe* que l'air n'était pas assez souvent renouvelé entre les claies. Je pense qu'on aurait obvié à cet inconvénient en augmentant alors la vitesse de rotation du tarare et en activant le feu dans le fourneau d'appel ; il serait encore possible d'obtenir directement l'effet désiré, mais ce serait en compliquant l'appareil ventilateur ; or, je ne pense pas qu'il faille en venir là en ce moment, où il est probable que l'appareil de M. Vasseur donnera le moyen de *brasser* et de mélanger complètement l'air dans l'intérieur de la magnanerie et entre tous les rangs de claies. J'ignore ce que la pratique décidera à l'égard de cet appareil : quant à moi, je le considère en général comme un grand pas de lait vers la perfection ; et, sous le rapport particulier de la ventilation, comme une addition, sinon nécessaire, tout au moins bien convenable à faire au système de construction que j'ai proposé pour arriver à l'assainissement des magnaneries.

De l'étouffement des chrysalides dans les cocons.

J'ai dit, page 23 de la troisième édition de mon Mémoire, que l'appareil que j'ai proposé d'employer pour sécher les feuilles de mûrier cueillies étant mouillées ou trop humides, pouvait servir à étouffer les chrysalides dans les cocons, avant la filature, et j'ai proposé d'opérer cet étouffement au moyen de l'acide sulfureux produit en brûlant tout simplement du soufre dans le carneau par lequel le courant ventilateur pénètre dans le fourneau et dans tout l'appareil de dessiccation ; la réussite de ce procédé me parait très probable. Ce moyen d'étouffement serait si simple et si facile à pratiquer qu'il est à désirer que l'essai en soit fait et qu'il soit bien étudié : je pense qu'il y aurait quelque avantage à joindre un peu de vapeur d'eau au gaz sulfureux ; s'il en était ainsi, il serait facile d'organiser un petit appareil dans lequel on ferait bouillir de l'eau au moyen de la combustion du soufre, et qui donnerait ainsi, tout à la fois, l'acide sulfureux et la vapeur d'eau dont on aurait besoin.

www.ingramcontent.com/pod-product-compliance
Lightning Source LLC
Chambersburg PA
CBHW071302200326
41521CB00009B/1873